イラスト図解
超ウケる「物理と化学」

久我勝利

青春新書
PLAYBOOKS

はじめに　「物理と化学」で、世の中もっとおもしろくなる！

いま、あなたの隣に恋人がいるとします。
実は、このとき二人の間に「引きつけあう力」が働いています。

恋人同士だから当たり前じゃないかって？
いえ、それとは話が違うのです。

二人の間には、物理的に「ある力」が働いていたのです。「ある力」とは、物理学者ニュートンが発見した「引力」のことです。学校では、りんごが木から落ちて地球の引力を理解したと思いますが、実は、地球だけでなく、質量があるすべての物体は、引きつける力があったのです。
恋人の二人のみならず、いろんな人やモノが、お互いを引きつけあっていたのですね。

物理では、ロマンチックな恋心を解明できませんが、モノに働く力や、自然現象、法則を見つけることはできます。物理がわかると、世の中のモノやコトに思わぬ力が働いていたことを発見し「なるほど！」と腑に落ちるかもしれません。

今度は、恋人と家でテレビを観ているとします。新品の液晶テレビでです。

ここで恋人から、ふと質問をされました。

「液晶テレビの『液晶』ってなんのこと？」と。

確かに、よくよく考えると不思議ですね。

実は「液晶」は、液体でありながら、結晶の性質をもっているのです。そんな独特な性質を利用して、いろいろな電気製品に使われています。

化学がわかると、モノの性質や構造、モノとモノとの反応などを理解できるので、身近なモノやコトの本質や裏側が見えてきます。

このように、世の中には、素朴な疑問、不思議な現象、最新機器の謎があふれています。たとえば……

▼「小麦粉」や「水」は、実は爆発の危険アリ!?
▼バラが砕け散る「液体窒素」、手を入れても意外に大丈夫?
▼自然に分解されるプラスチックがある?
▼「原子力発電」に代わる、今注目の新エネルギー「核融合」とは?

本書では、そんな謎や疑問を物理と化学で解明しようと企んだ1冊です。どちらか一方ではなく、物理と化学、両方で解くから、世の中のしくみが見えてくるのです。その意味では、1冊で二度おいしい本ではないかと思います。

「文系の私にとって、物理だけでもむずかしそうなのに、化学まで一緒になっているなんて到底読めそうにない」と、しり込みすることはありません。

本書は、そんな人にも読めるようにイラストや図で解説し、小難しい部分をあえて省いた超入門書です。気楽にパラパラめくって、興味を持てたところから読んでください。

身近なことに好奇心をもち、解明しようとするのは、実はスゴいことです。なぜなら、「なぜ?」「どうして?」という疑問を一つひとつ解明したことで、人類は月に降り立ち、生活は科学の恵みであふれるようになったのですから。

世の中の9割は、物理と化学でできているといってもいい過ぎではないでしょう。物理と化学の目で見られるようになると、生活やモノの見え方が一変するはずです。

本書は、そんな読者の好奇心を刺激する内容を収録しました。「ウケる!」と思える項目がありましたら、著者としてこれほど嬉しいことはありません。

それでは、「物理と化学」から見た世界、どうぞお楽しみください。

2021年7月

久我勝利

イラスト図解　超ウケる「物理と化学」＊目次

はじめに――「物理と化学」で、世の中もっとおもしろくなる！

1章　どんどん知りたくなる「身近な『なぜ？』」

2章 これまでの常識が変わる「家の中の隠れた謎」

キュウッ

4章　突き止めるとおもしろい「世の中の裏のウラ」

5章 ますます考えたくなる「宇宙の大疑問」

1章　どんどん知りたくなる「身近な『なぜ？』」

物理 「パンが落ちると、バターの面は下になる」って法則がある⁉

「世の中、なんで不幸なことばかり」そう、思うことは少なくないはず。

たとえば、バターを塗ったパンを誤って落としてしまうと、たいていバター面が下になって落ち、床を汚してしまいます。

なんと、これに法則名がついていました！「マーフィーの法則」といい、クスっとほほ笑んでしまう世界的に有名な法則の1つです。この現象を科学的に研究した人がいます。イギリスのアストン大学ロバート・マシューズがその人。

どんな結果になったのでしょう。

ふつうに考えると、パンが落ちたとき、バターを塗った面が上になるか下になるかは、ほぼ半分、50％ずつの確率だと思うもの。

しかし、マシューズ氏は、実際に何度も食卓からパンを落として調べました。その結果、

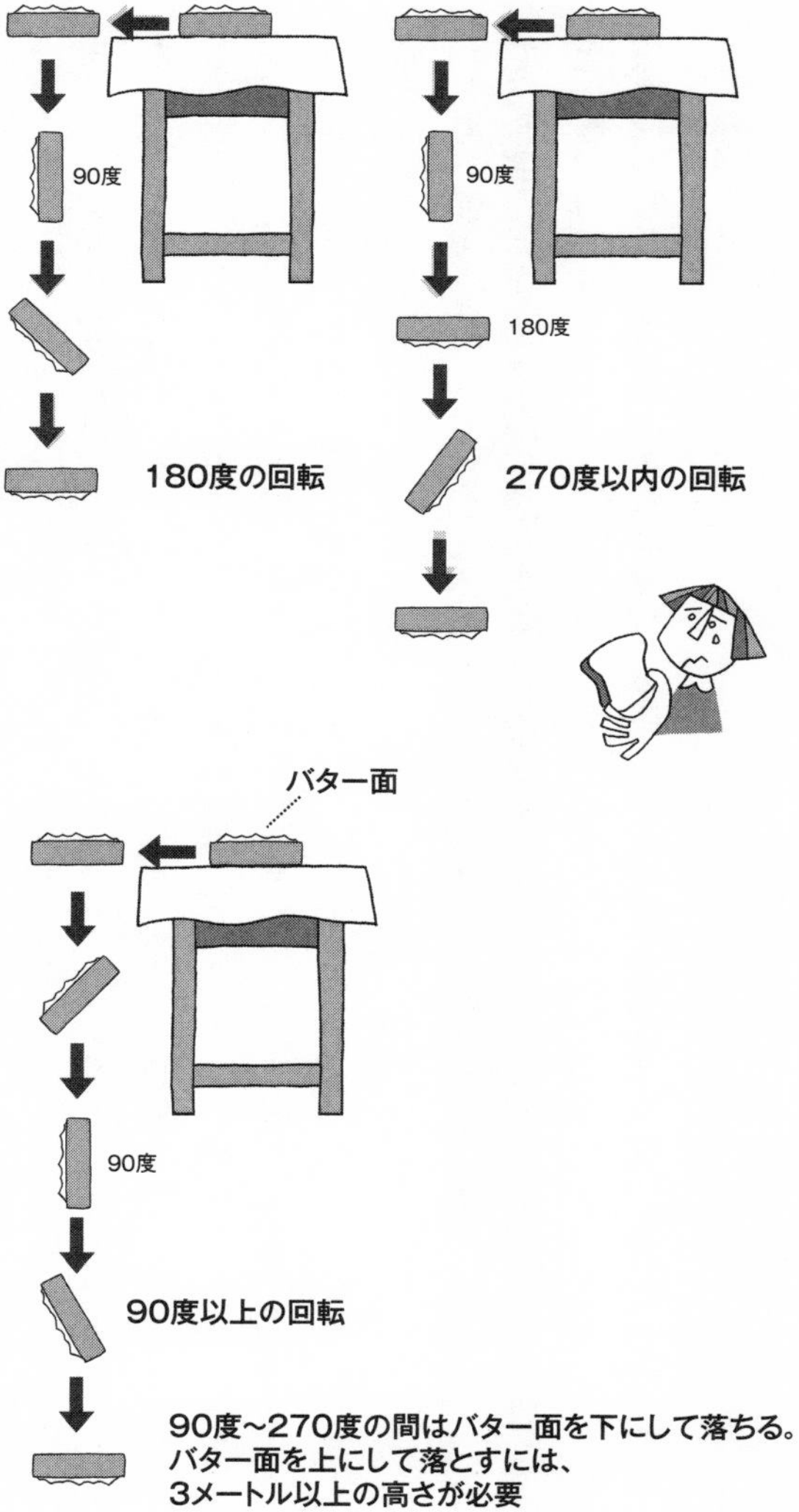
90度
180度の回転
90度
180度
270度以内の回転
バター面
90度
90度以上の回転
90度～270度の間はバター面を下にして落ちる。
バター面を上にして落とすには、
3メートル以上の高さが必要

この確率がそのまま当てはまるわけではないことを証明しました。

まず、パンが落ちる前は、バターを塗った面が上になっています。その状態から食卓の上をすべらして落とすと、パンは、重力と空気抵抗を受けて、回転しながら落ちます。

このとき、もしパンが90度回転する前に床に落ちたら、バターの面が上になって落ちる確率が高い。パンがさらに90度（180度）回転するまでに落ちたら、バターの面が下になって落ちるでしょう。さらに90度（270度）回転するまでに落ちたら、これもバターの面が下になって落ちることになります。

つまり、90度から270度までの回転では、バターの面が下になって落ちるのです。そして、通常の高さの食卓から落とすと、90度から270度までの回転で落ちる可能性が高いというわけです。

床に落としたパンは食べられなくなります。くれぐれも実験をしないように。

化学「小麦粉」や「水」は、実は爆発の危険アリ!?

突然ですが、「爆発」とはどのような現象か、説明できますか？

爆発と聞いてすぐに思い浮かぶのが「工業用ダイナマイト」で、悪利用しているのが「武器の爆弾」でしょうか。爆弾では殺傷力を高めるため、火薬のまわりを断片として飛び散りやすい金属でおおっています。

このほか、小規模な爆発を利用しているものに「エンジン」があります。可燃性ガスと酸素を反応させ、その膨張力で動力を得ているのです。

さて、爆発現象のカラクリを考えていきましょう。

一般的に爆発とは、気体が急激に「熱膨張《ねつぼうちょう》」した状態をいいます。たとえば、ガス爆発では、空気中にもれ出したガスが酸素などの空気と混ざります。それが発火すると、空気が急激に膨張し、まわりに衝撃波を発生させる。そんなしくみだったのです。

ところで、爆発は、思いもよらないところで起きることもあります。

たとえば、空中に飛び散った小麦粉が爆発を起こすこともあるのです。

また、なんと、水も爆発を誘引することがあります。水は液体から気体になるとき、急激に膨張することがあります。水に、溶けた金属などが接触すると、蒸気となり急激に体積を膨張させ、爆発が起こります。


これとは違いますが、「水素爆発」と呼ばれる爆発があります。福島の原子力発電所でも何度か起こりました。これは、何らかの理由で発生した大量の水素が、あるきっかけで空気中の酸素と反応し爆発するというものだったのです。

水蒸気爆発

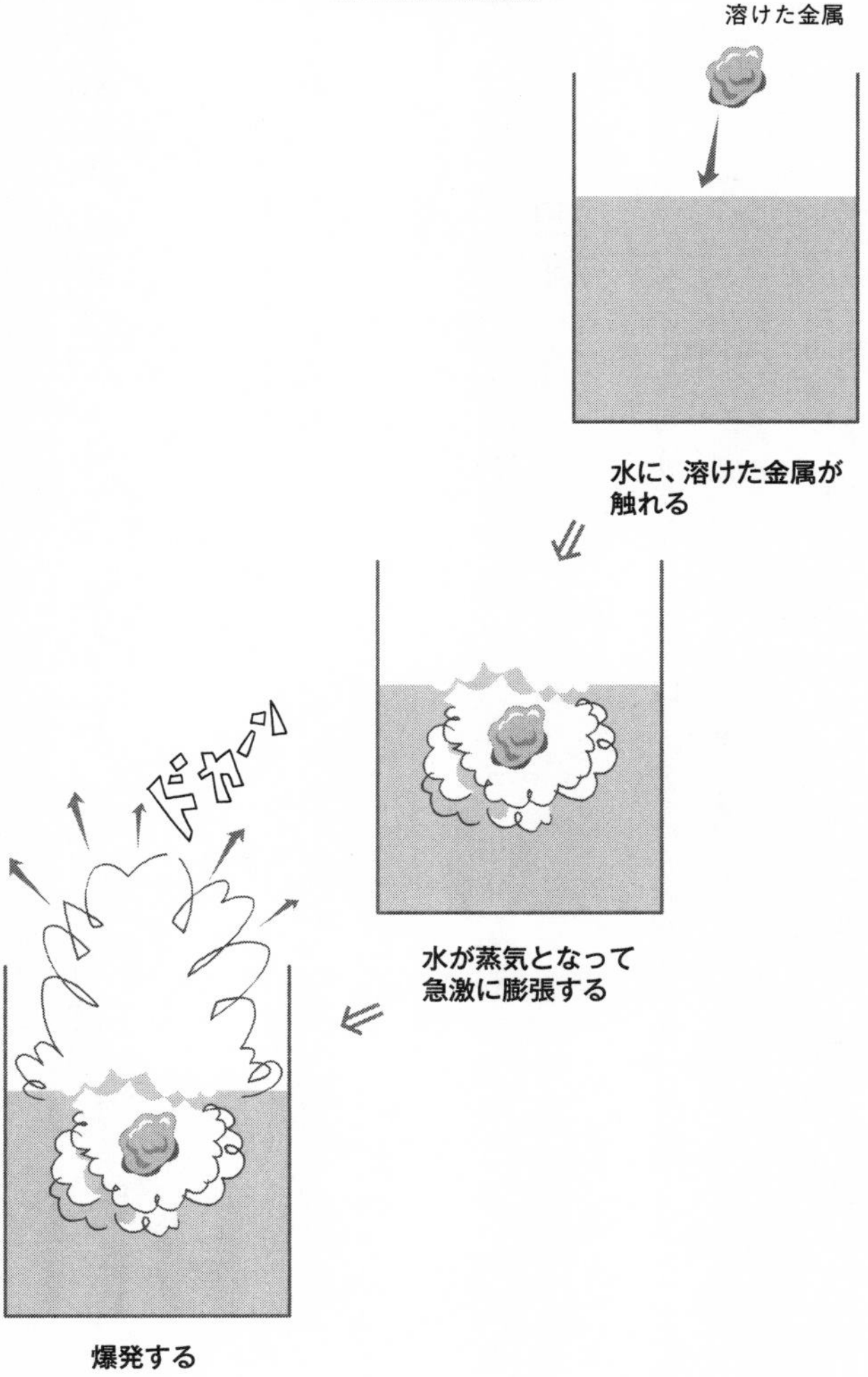
溶けた金属
水に、溶けた金属が触れる
水が蒸気となって急激に膨張する
ドカーン
爆発する

化学 私たちの体をつくる「タンパク質」、実は○万種類!?

「タンパク質が豊富に含まれている食事をとると健康や美容にいい」と聞いたことがありませんか？

それもそのはず、私たち生物の体をつくっているタンパク質はおよそ10万種類にも及ぶといわれています。

タンパク質というと、すぐに肉質のものを思い浮かべますが、酵素やホルモンの一部もタンパク質の一種です。

そして、これらのタンパク質は、たった20種類のアミノ酸の組み合わせでできています。アミノ酸の中には「グルタミン酸」や「アスパラギン酸」のように、聞き覚えのあるものも含まれています。

アミノ酸が複数組み合わさったのが「ペプチド」で、これがさらに組み合わされるとタ

20種類のアミノ酸

アラニン　アルギニン　アスパラギン　アスパラギン酸
システイン　グルタミン　グルタミン酸　グリシン
ヒスチジン　イソロイシン　ロイシン　リシン
メチオニン　フェニルアラニン　プロリン　セリン
トレオニン　トリプトファン　チロシン　バリン

これらのアミノ酸が鎖のように
つながってタンパク質ができる

⇓

細胞を形づくるタンパク質
筋肉の材料となるタンパク質
化学反応を制御するタンパク質
酵素作用をもつタンパク質
……………………
……………………
……………………

ンパク質になります。タンパク質のようにたくさんの分子（数千から数百万分子）が集まってできた分子を「高分子化合物」といいます。

タンパク質は高分子であり、複雑な構造をもっています。実は、一つひとつのタンパク質を特徴づけているのは、その立体構造です。

この複雑なタンパク質の設計図となっているのが「ＤＮＡ」です。

一つひとつのタンパク質が、積み木や寄木細工のようにできているので、タンパク質はそれぞれの役割ができるのです。

ちなみに、私たちが食事をしても、タンパク質がそのまま体に吸収されるわけではありません。

タンパク質は大きな分子なので、いったんアミノ酸にまで分解されてから吸収されます。

化学　病原菌を攻撃する「抗生物質」、人体に悪影響は？

病院に行くと、よく「抗生物質」を処方されますが、なぜ抗生物質は「薬」と呼ばずに抗生「物質」なのでしょうか。

一般的に薬といわれるものは、病気のさまざまな症状を抑える役割をしています。たとえば、「アスピリン」は痛みという症状を緩和してくれる薬です。アスピリンは元々柳の木に含まれていた薬でしたが、苦味が強く、胃に害をもたらす場合もあります。それを化学的に改良して誕生した薬です。

柳の成分が鎮痛効果をもつことは古代ギリシャの昔から知られていましたが、そこから成分だけを取り出し、実用化させるまでには多くの化学者の努力があったのです。

アスピリンのような薬は、直接病気を治すわけではありませんが、病気がもたらす諸症状を軽くしてくれます。

対して、病原菌を直接攻撃するのが抗生物質です。代表的な抗生物質が「ペニシリン」ですね。抗生物質は、病原菌をやっつける働きをするだけでなく、もう1つの条件をクリアしなければなりません。

それは、人体に悪作用をもたらさないということです。つまり、副作用がないということですね。

しかし、実際には副作用のない薬はほとんどありません。

ペニシリンは、対象となる「ブドウ球菌」などの細胞壁をつくるのをじゃまします。しかし、ヒトの細胞には細胞壁がないので安心して使えるのです。

ただし、抗生物質は、腸内の善玉菌まで一緒に殺してしまうことがあります。なので、整腸剤を一緒に渡されることもあります。

ペニシリンの発見

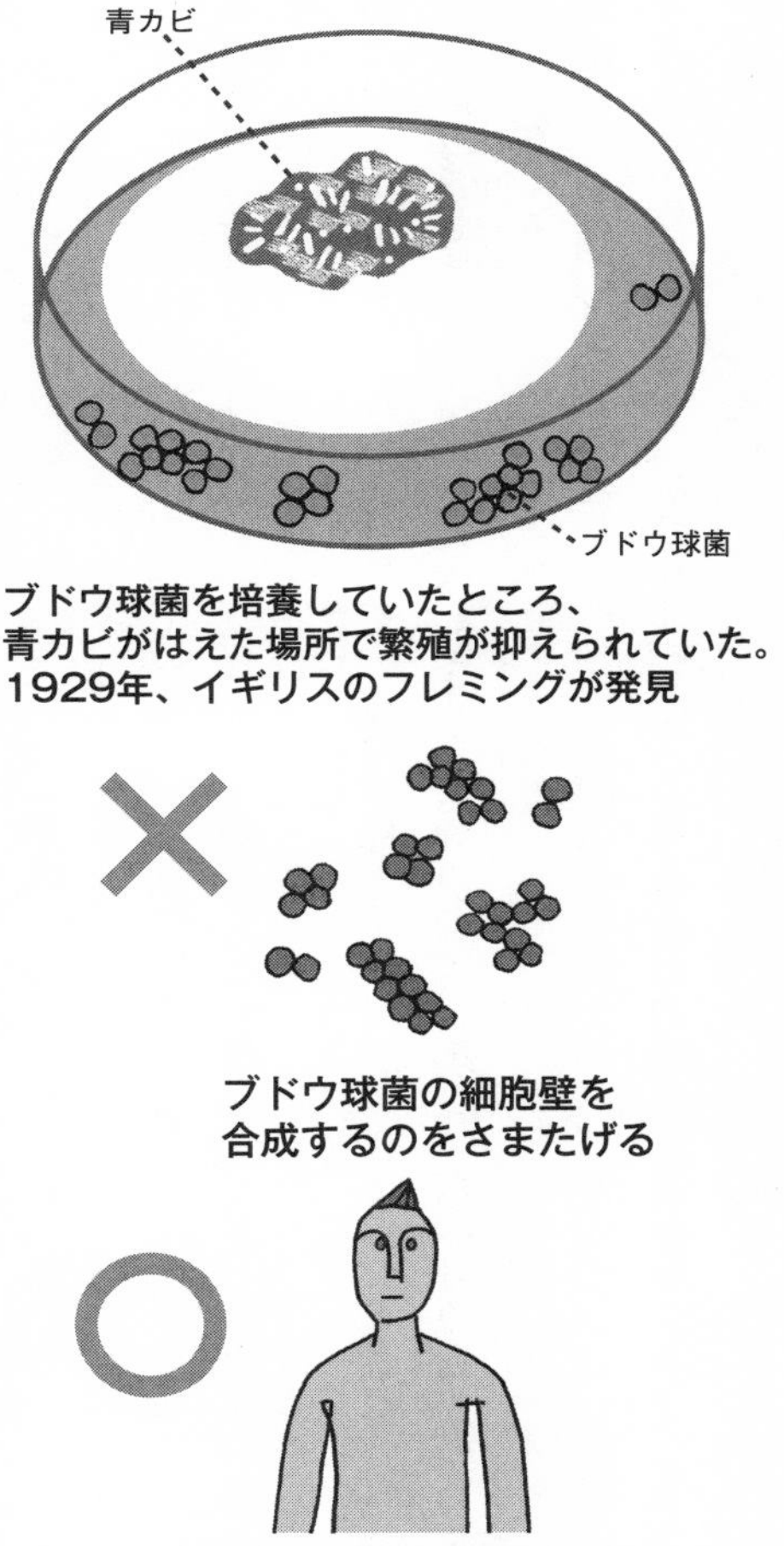
青カビ
ブドウ球菌
ブドウ球菌を培養していたところ、
青カビがはえた場所で繁殖が抑えられていた。
1929年、イギリスのフレミングが発見
ブドウ球菌の細胞壁を
合成するのをさまたげる
ヒトの細胞には細胞壁が
ないので大丈夫

物理　ヘリウムを吸うと変な声、体の中ではどうなってる？

「ヘリウム」は、すべての元素の中で「水素」の次に軽く、また、宇宙では水素の次に多く存在します。ヘリウムは、空気より軽く、水素のようにほかの元素と結合することはありません。

そのため、ヘリウムでよく使われているのは飛行船や風船でしょう。水素も使われていた時期がありましたが、水素は発火しやすく危険なので、現在ではヘリウムが使われています。

ほかには、パーティグッズとしてヘリウムのスプレー缶がありますね。これを吸い込んでしゃべると甲高い変な声になります。なぜ、そうなるのでしょうか。

実は、ヘリウムの中では空気中よりも音の速度が速くなる性質があったのです。室内の空気中では音速は、秒速約３４０ｍに対して、ヘリウム中での音速は約１０００ｍにもな

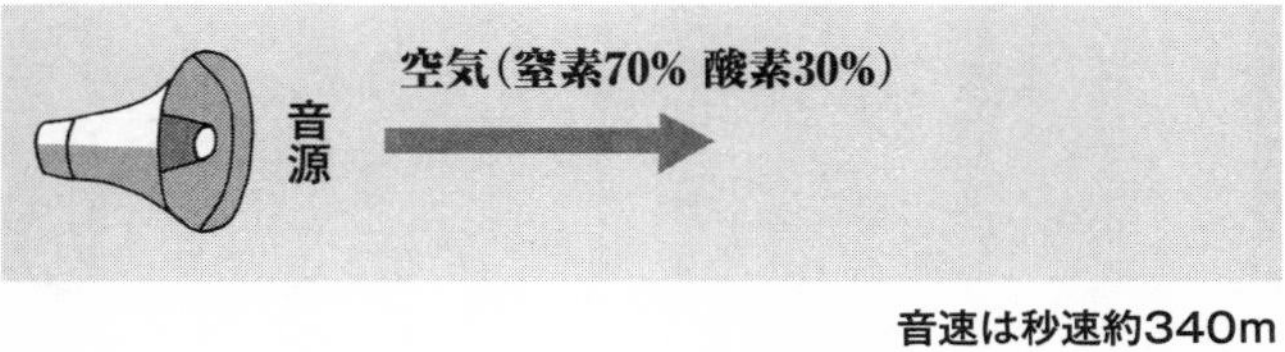
空気(窒素70% 酸素30%)
音源
音速は秒速約340m

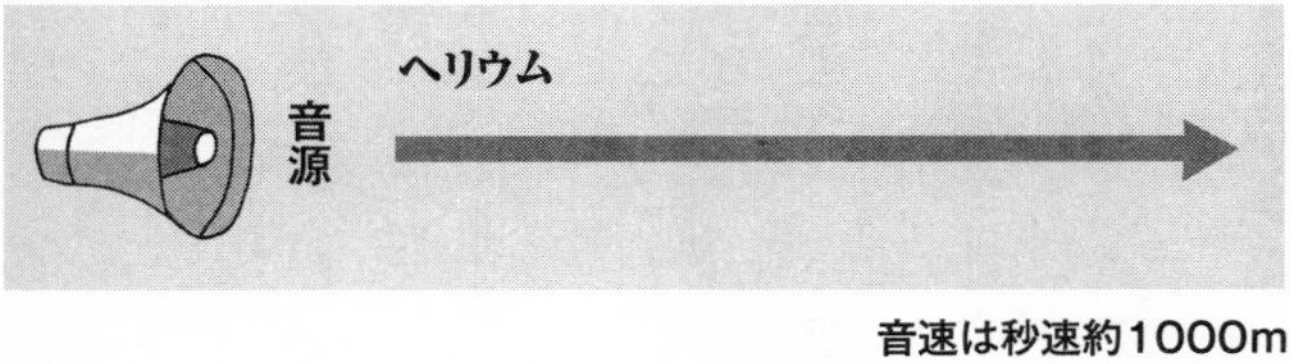
ヘリウム
音源
音速は秒速約1000m

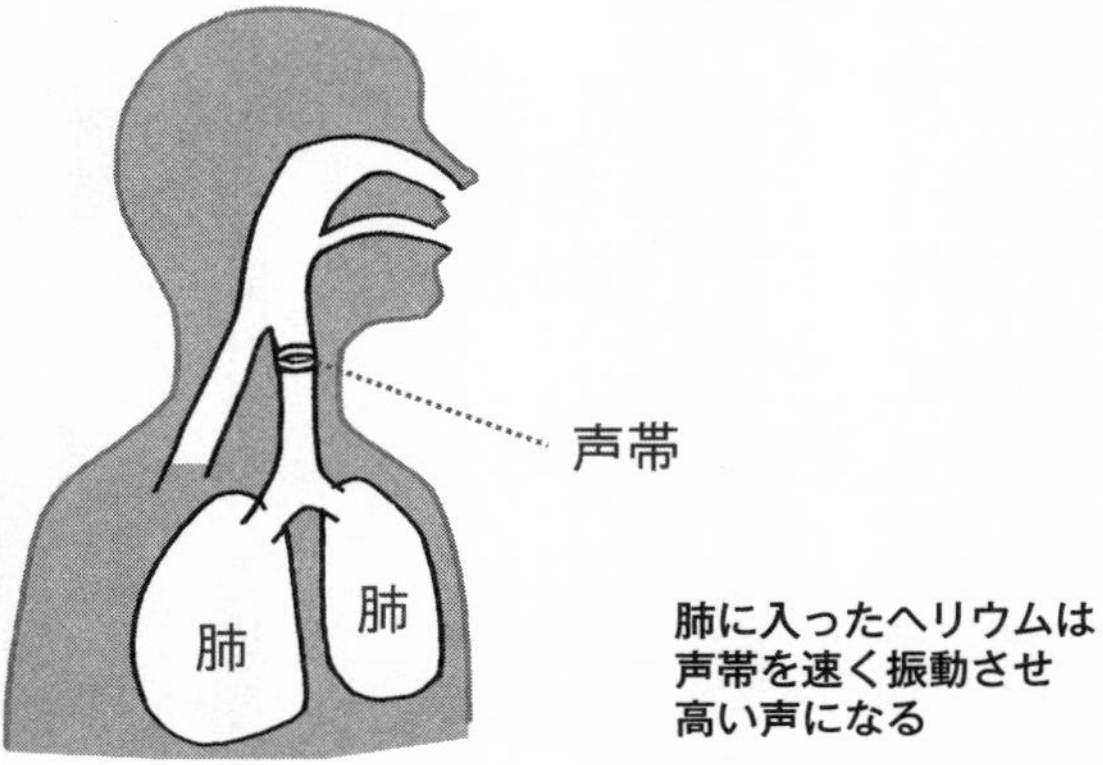
声帯
肺
肺
肺に入ったヘリウムは
声帯を速く振動させ
高い声になる

るのです。なぜかというと、ヘリウムは空気よりも軽く、分子運動が速いからです。

また、ヒトの声は、肺からの空気によって声帯をふるわせることにより起き、喉、口、鼻の中で共鳴して発せられます。

肺に吸い込まれたヘリウムをはき出しながら声を出すと、音速が速い分、声帯を速く振動させます。音は振動数が大きくなるほど、高くなります。

だから、ヘリウムを吸うと声が高く聞こえるのです。

なお、市販されているヘリウムグッズでは、ヘリウムだけでなく、酸素も入れられています。これは、吸い込んだ人が窒息しないようにするためです。

おもしろいからといって何度も連続して使うのは、あまり体にいいとはいえません。十分にご注意を。

化学「鉄棒したら手から変な匂い」が、ついに判明！

子どものころ、鉄棒で遊んだあとで手の匂いをかぐと、変な匂いがしたのを覚えている方も多いのではないでしょうか。ここで疑問です。ふつう鉄製品から匂いを感じませんよね。それなのに、鉄棒に匂いなんてあるのでしょうか。

匂いは、匂いの元となる分子が「揮発《きはつ》」して空中に放出されることが大切です。その匂い分子が、私たちの鼻の中の「嗅細胞《きゅうさいぼう》」にまで届かなければ匂いはしません。

鉄は、平温では固体のままですから、匂い成分が揮発することはありません。

それでは、匂いの正体とは何か。

ある海外の研究者が調べたところ、おもしろい結果が出たそうです。

秘密の第一は握る手のほうにあります。

私たちの手の平はよく汗をかきます。鉄棒をやっているときも手の平からは汗が出ているでしょう。汗は揮発しますから、匂いがあっても不思議ではありません。しかし、ふつうのときは、いくら手から汗が出ても、あの鉄の匂いがするわけではありません。

そして、秘密の第二は、鉄棒の「鉄イオン」にありました。ヒトの汗に鉄イオンを作用させてみると、いくつかの化合物ができ、それが「鉄の匂い」の元となっていることがわかりました。

ちなみに、私たちの脳内で匂いの情報をキャッチするのは「扁桃体《へんとうたい》」という、記憶に関係した部分です。そのため、ある匂いをかいだとき、突然、昔の記憶がよみがえってくるのです。

鉄の匂い（？）の成分

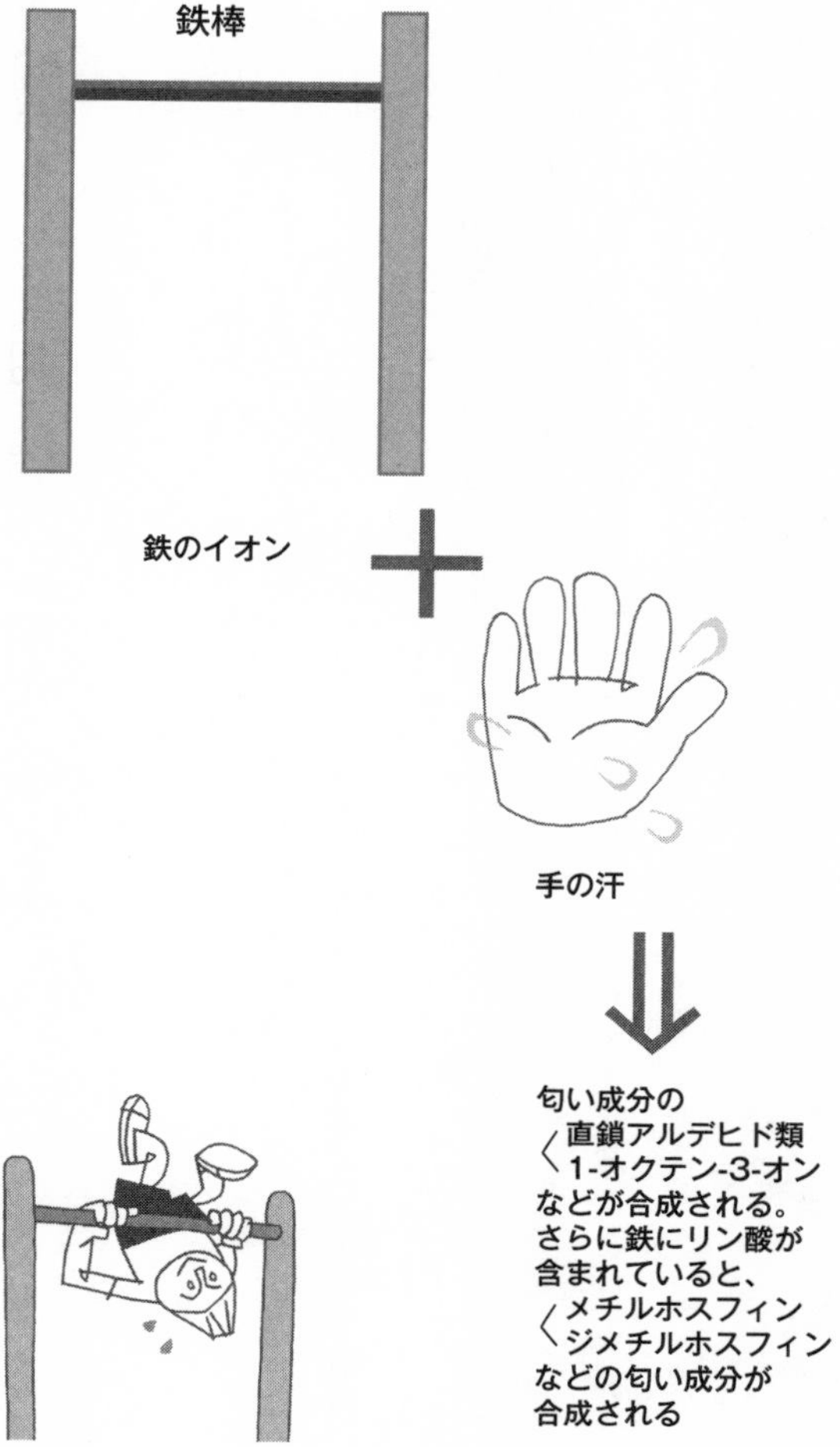
鉄棒
鉄のイオン
手の汗
匂い成分の
直鎖アルデヒド類
1-オクテン-3-オン
などが合成される。
さらに鉄にリン酸が
含まれていると、
メチルホスフィン
ジメチルホスフィン
などの匂い成分が
合成される

物理 研究が進む「透明人間」、実用化はすぐそこ？

一度くらいは、透明人間になってみたい、そう思ったことありませんか？

昔から透明人間や透明になる能力を持つ人の物語がたくさんあります。しかし、本当に体が透明になったら、困ったことが起きてしまいます。

たとえば、食べ物は透明になるわけではないので、胃にある食べ物が浮かんでいるという光景が出現します。

また、透明になってしまうと、眼球も網膜も透明になり、光をとらえることができなくなります。つまり、目でものが見えなくなってしまうのです。

それでは透明になった意味がないでしょう。

しかし、実は、夢物語であった透明人間も、実現しそうな時代がきています。直接、体を透明にするのではなくて、透明マントをかぶればいいのです。その透明マントがもう少

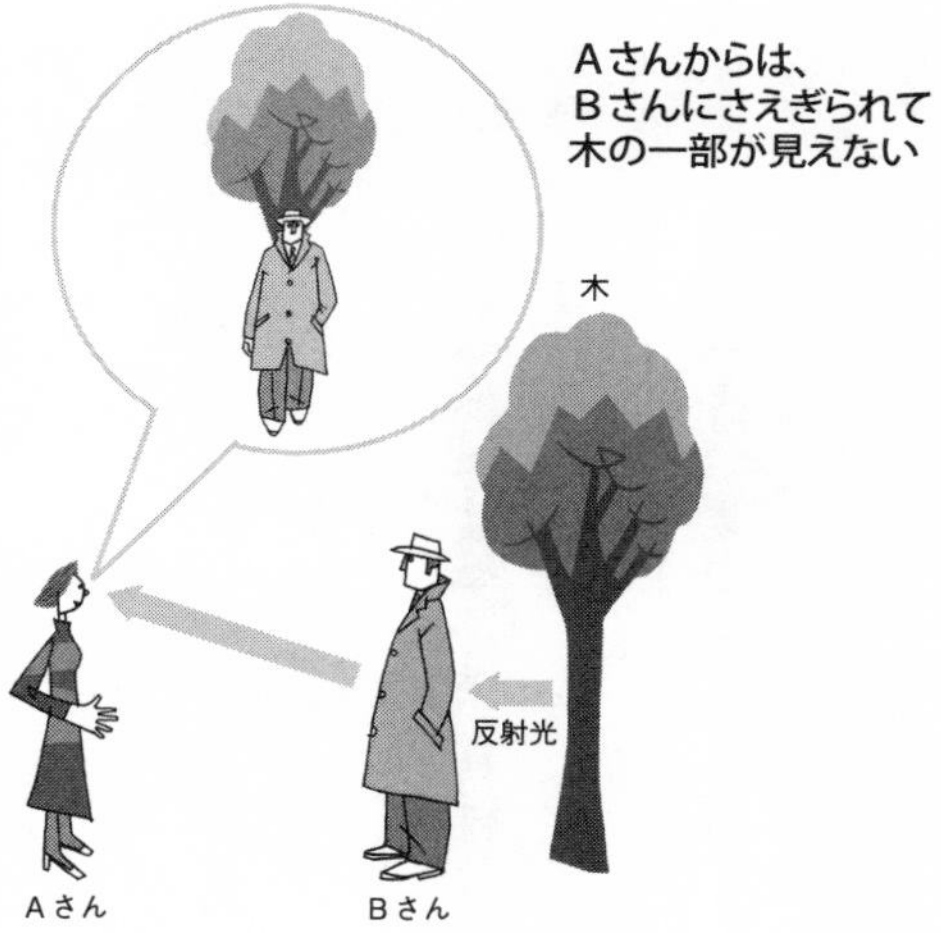
Aさんからは、
Bさんにさえぎられて
木の一部が見えない
木
反射光
Aさん
Bさん

Aさんには
Bさんが
見えない
透明マント
反射光
Aさん
Bさん
光を屈折させてAさんの目に届かせる

しで可能になるのだそうです。どのようなカラクリでしょうか。

透明マントの発想は、自分の後ろの風景から放たれる光を屈折させて相手の目に届かせるのです。

どういうことかというと、光は波の性質をもっているので、屈折させることができます。たとえば、光が空気から水の中に入ると屈折しますよね。そんな屈折を駆使してうしろの風景を見せるのです。前から見ると透けて見えるので、透明になったのと同じです。

しかし、光を屈折させるには、特殊な材料が必要です。それが「メタマテリアル」と呼ばれるものです。

大阪大学の真田《さなだ》篤志《あつし》教授は、「透明マント」の研究をしており、実現可能といいます。

もし、実現したら、透明になって何がしたいですか？

物理　「声でグラスを割る」は、誰でもできた？

「声楽家は、声でグラスを割ることができる」という話を聞いたことはありませんか？YouTubeにそのような動画がたくさんあります。

しかし、なぜ、グラスが割れるのでしょうか。

「声の振動がグラスに響いているのでは？」と思うかもしれません。では、なぜグラスを割ることができて、他のガラス製品は割れないのでしょうか。その疑問を物理で謎解きしていきましょう。

すべてのモノにはそれぞれ「固有振動数」というものがあります。

「固有振動」とは、外部から力を加えなくても一定時間振動を起こす現象で、固有振動数はそのモノ固有の振動数をいいます。同じ固有振動数のモノを並べて、振動を受けると、振動が振動を呼び大きく振動します。これを「共振」といいます。

具体的にみていきましょう。

たとえば、音叉《おんさ》をポンとたたくと、その音叉の固有の振動をして、一定の高さで音が鳴ります。音叉2つを並べてポンとたたくと、だんだんと音が大きくなり共振（共鳴）します。これは、同じ固有振動数のモノが力を受けて、互いを振動させ続けているために起こるのです。


では、他のモノ、とりわけ建物はどうでしょうか。

ある地震の振動数と同じ振動数をもった建物は破損しやすいといわれています。まわりの建物は無事なのに、なぜか1つだけ倒壊した建物を見たことありませんか？　これはそのときの地震の振動数と建物の固有振動数が同じだったためだと考えられます。

固有振動数の実験として、「振り子の実験」があります。

同じ長さの振り子2つと、違う長さの振り子を用意して、同じ長さの振り子のうち1つを動かすと、違う長さの振り子は揺れないのに、同じ長さの振り子は揺れはじめます。

同じ固有振動数のモノだけが揺れたのです。

振り子の共振

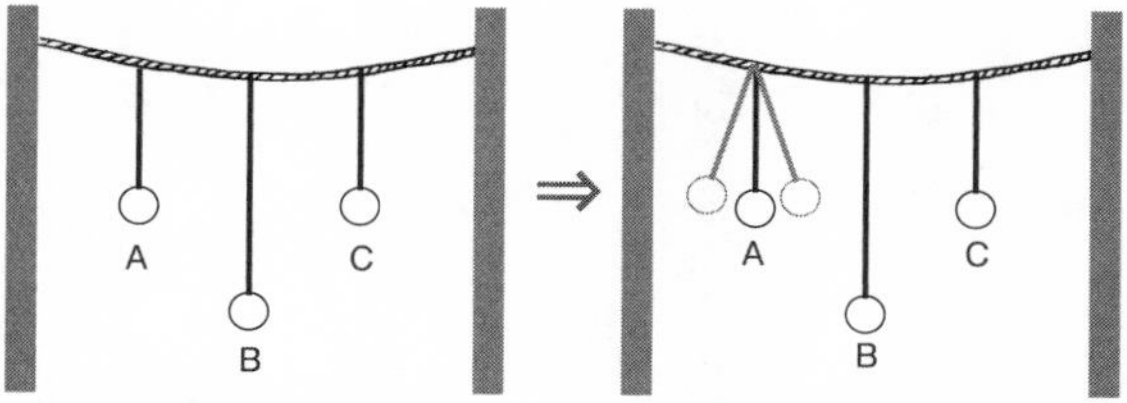

AとCの糸は同じ長さ　　Aを振る

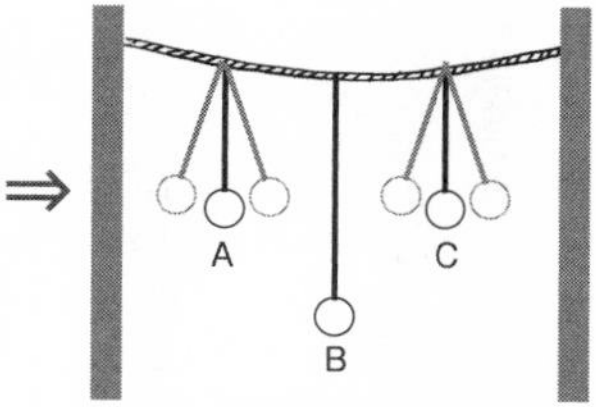

Cが共振する。
糸の長さの違うBは
動かない

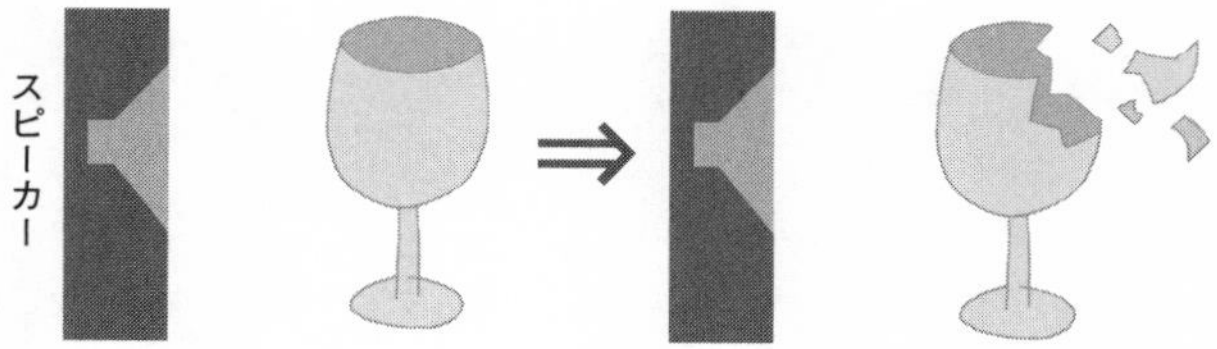

スピーカーからグラスと同じ
固有振動数の音を出してグラスに当てる

グラスが共振し、
ついには割れる

冒頭の疑問、グラスがなぜ、声で割れたのか、に戻ります。

グラスにも固有振動数はありますが、その固有振動数と同じ音波を当てると共振します。

グラスのふちを指でなぞっていくときれいな音が鳴ったりしますが、その振動数がグラスの固有振動数です。この振動数を計測し、その振動数でグラスに音を当てると割れるのです。

声楽家ではないふつうの人の声でグラスが割れるかどうかは微妙なところですが、試してみないとわかりません。

声に限らず、スピーカーで同じ振動数の音を鳴らすと、他のグラスも割れるようです。

もちろん、グラスの強度によっては、なかなか割れなかったりもします。

ただし、実験する際には、ガラスでできたグラスですのでくれぐれも注意をしてくださいね。

物理　自転車はタイヤ幅2センチほど、なのに、なぜ乗りこなせる？

自転車を初めて乗るとき、補助輪を付けたり、安定するように抑えてもらったりして乗り方の練習をしたと思います。一度覚えれば生涯忘れることはありません。

自転車は、タイヤ幅ほどの細さで二輪、補助輪がない限り、左右に支えがないのですから、そのままではどちらかに倒れます。

そんな不安定な乗り物なのに、なぜ倒れずに走れるのでしょうか？

たとえば、右に傾いたとします。このとき、実は無意識に右にハンドルを切っていたのです。右にハンドルを切ると、自転車は右側に向かって「円運動」をはじめます。

すると、反対の左側のほうに「遠心力」が働きます。この遠心力が傾いた自転車を元に戻してくれるのです。

しかし、戻しすぎると、今度は左側に傾きますね。そうしたら、左側にハンドルを切ります。これを繰り返していたのです。本当かどうか、実際にやってみてください。また、平らな場所を一定以上のスピードで走っているときはほんのわずかのハンドル操作でも、まっすぐ走ることができます。

そのため、乗っている人は、自分が細かくハンドル操作をしているのに気づかないのでしょう。

でも、徒歩の友達と話しながら自転車に乗っているときはスピードが遅くなり、ハンドル操作を大きくしないと倒れそうになりますよね。

坂道を上がるときでも同じです。左右のペダルを力いっぱい踏みながら、ハンドルは右へ左へ大きく切らないと倒れてしまいます。

これも、とくに意識してハンドル操作をしているわけではないでしょう。理屈はわからなくても、体は自転車が倒れないようにする方法をよく覚えているのです。

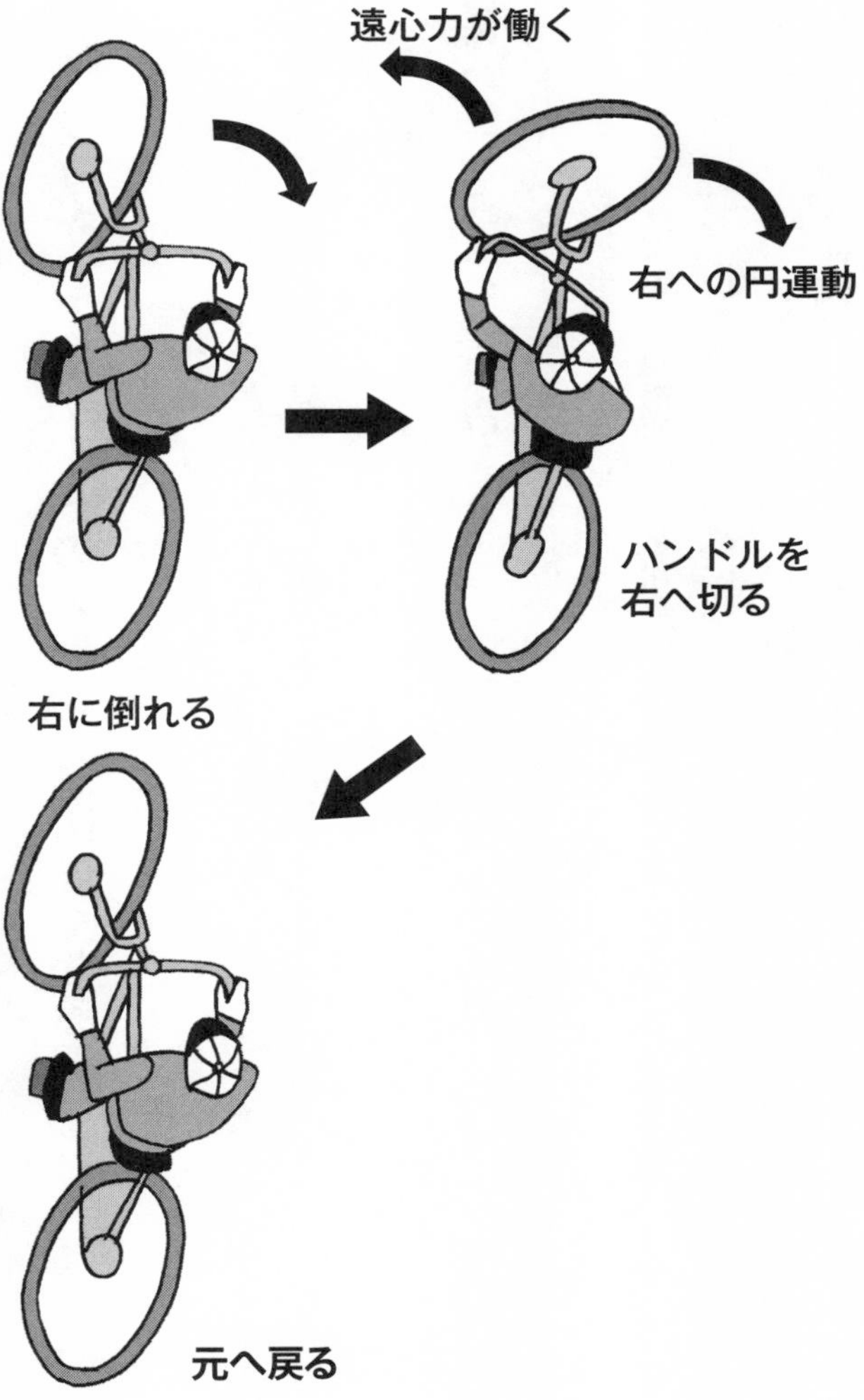
遠心力が働く
右への円運動
ハンドルを
右へ切る
右に倒れる
元へ戻る

物理 フィギュアスケートのスピン、急に速くなる謎

フィギュアスケートの見どころはたくさんありますが、なかでも、選手がコマのようにまわるスピンは美しくて見とれてしまいます。スピンは、途中で回転のスピードが急に速くなると感じませんか？　なぜ、あんなことができるのでしょうか。

よ〜く観察してみましょう。すると、選手は両腕を伸ばして回転しています。そして、両腕を曲げて身体のほうに引き寄せると回転速度が速くなります。

つまり、スケート選手は腕を伸ばしたり曲げたりして回転速度を速くしたり、ゆっくりしたりしているのです。

実は、これは、1つの物理法則を利用しています。

選手が回転しているときに、回転の中心点から、腕の指先までの距離（半径）が大きいほど回転スピードは遅くなり、小さいほど速くなります。これを「角運動量保存の法則」といいます。角運動というとむずかしそうですが、要するに、モノがクルクル回転してい

る運動の勢いをさします。
　もし、途中で外部から力を与えた場合は、この法則は当てはまりませんが、スケート選手は、回転途中で新たな力を得ているわけではないので、この法則が成り立ちます。このときの回転する運動量は、半径が大きくなろうと小さくなろうと変わらないのです。

どちらも「角運動量」は同じ

半径が大きいと
回転スピードは
遅い
半径が小さいと
回転スピードは
速い

物理 投手が投げた野球ボール、一時停止で見えてくるスゴい物理法則

野球の最大の見どころといえば、ピッチャーとバッターのかけひきです。ピッチャーは、いかにバッターに打たれないように投げるかが勝負どころです。

まっすぐボールが進む「ストレート」か、曲がりながら落ちる「カーブ」か、下方面に落ちる「フォーク」か……。さまざまな球種があります。

とりわけ、カーブやフォークなど、ボールの進行方向が変化する「変化球」は、ボールの持ち方や投げ方を変えることで投げ分けます。それにより、ボールに回転を与えて変化させるのです。

それにしても、なぜ回転を与えると変化球になるのでしょうか。

ピッチャーが投げたボールを一時停止して、観察してみましょう。

飛んでいるボールは、空気の抵抗を受けます。イメージしにくいかもしれませんが、実

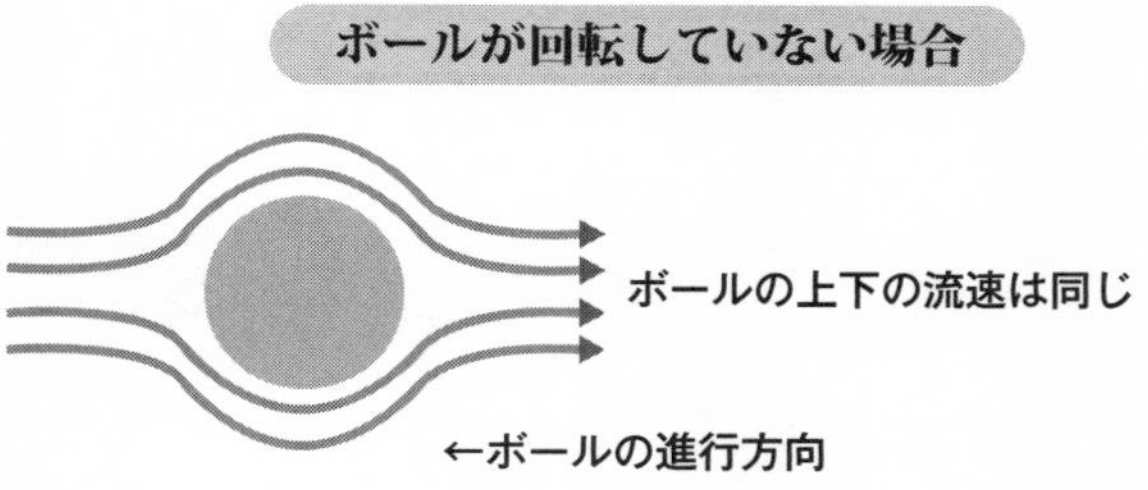
ボールが回転していない場合
ボールの上下の流速は同じ
←ボールの進行方向

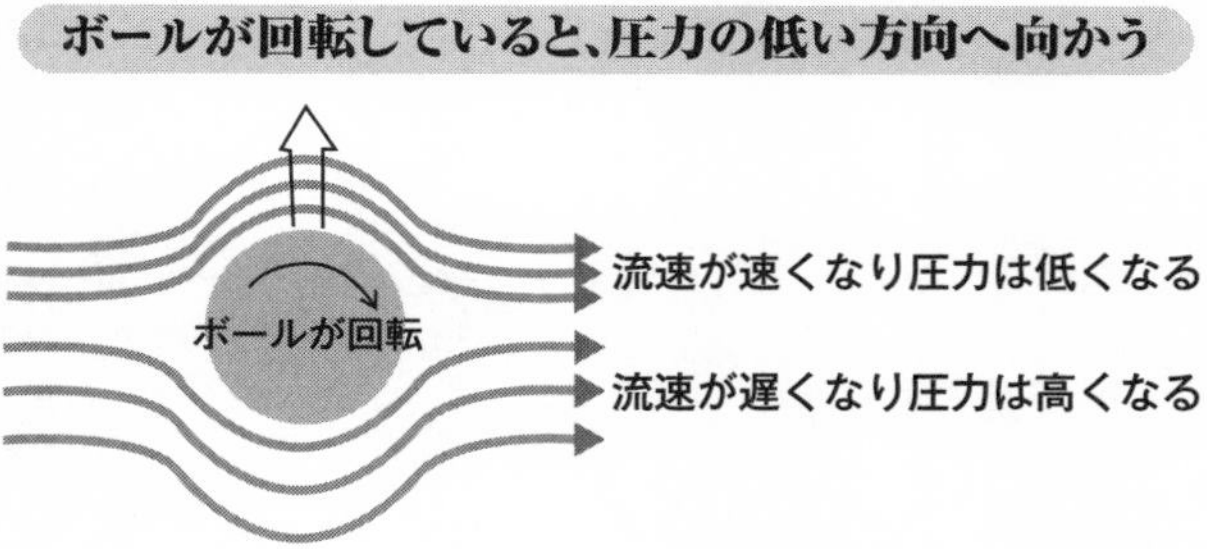
ボールが回転していると、圧力の低い方向へ向かう
流速が速くなり圧力は低くなる
ボールが回転
流速が遅くなり圧力は高くなる

は空気には「粘り気」があります。粘り気とは、触れたものにくっついたり、ちぎれにくかったりする性質。たとえば、納豆の糸は箸にくっついたらなかなかとれないですよね。

さて、ボールが回転していないときは、ボールのまわりの空気の流れは一定です。上下同じになります。ボールのスピードが速くなるにつれて、ボールに粘りついていた空気がボールの後ろで引きはがされ、空気が薄い部分（圧力が低い部分）が生じます。

何が起こっているかというと、ボールの前方は圧力が高くて、後方は圧力が低い。すると、ボールはバランスをとろうとして後方に行く力が働きます。投げられたボールは、前方に進む力と、後方に進む力が加わるので結果、スピードが落ちることになります。

ボールに回転が加わる変化球では、どんなことが起こるでしょうか。

たとえば、45ページの図のような方向にボールが回転していると、ボールの片側の空気の流れが速くなり、反対側の空気の流れは遅くなります。すると流れの速い方向の圧力は低くなり、流れの遅い空気の圧力は高くなります。

結果、重力に反して、ボールは圧力の低い方向に向かおうとする、つまり勢いよくまっすぐに伸びていくのです。

物理　投手が投げた野球ボール、球速が一瞬で出る理由

テレビで野球を観戦していると、ピッチャーの投げたボールの速度（球速）が、一瞬で出てきます。この球速っていったいどのようにしてはかっているのでしょうか。「カメラで撮影して一瞬で計測している？」「ボールに速度をはかる装置がある、とか？」など、いろいろと推測して、謎のままにしていませんか？

たとえば、自動車に乗っているときの速度は、走った距離を時間で割れば出てきます。60㎞を走るのに1時間かかったら時速60㎞ということになります。車の場合は、車輪の回転数から走行距離がわかるので、スピードメーターに表示され、運転手はすぐに速度を知ることができます。空を飛ぶ飛行機はどうでしょう。飛行機の場合は「ピトー管」という空気の圧力をはかる装置があって速度がわかるようになっています。

野球ボールは、このような装置はないので、外から速度をはかる必要があります。

冒頭の答えは、球速をはかるのに「ドップラー効果」を利用していたのです。

ドップラー効果？　どこかで聞いたことがありますよね。救急車やパトカーがこちらに近づいてくると、サイレンの音が高くなり、通り過ぎていくと、サイレンの音が低くなります。これ、ドップラー効果のしわざです。

そもそもドップラー効果がどのように起こるのか、おさらいしておきましょう。音は、空気が振動して「波」として伝わります。静止している救急車から出るサイレンの音は、水たまりに石を落としたときにできる波紋のように、前も後ろも左も右も同じ波長で伝わっていきます。

ところが、救急車が前進すると、前方に伝わっていく音波の波長は短くなります。波長と周波数は反比例するので、前方へ伝わる音波の周波数（1秒間の波の数）が高くなります。周波数が高いと音は高く聞こえるため、こちらに近づいてくる救急車のサイレンの音は高くなります。

逆に遠ざかっていくと低い音として聞こえてきます。後ろに伝わっていく音波の波長が

ドップラー効果のしくみ

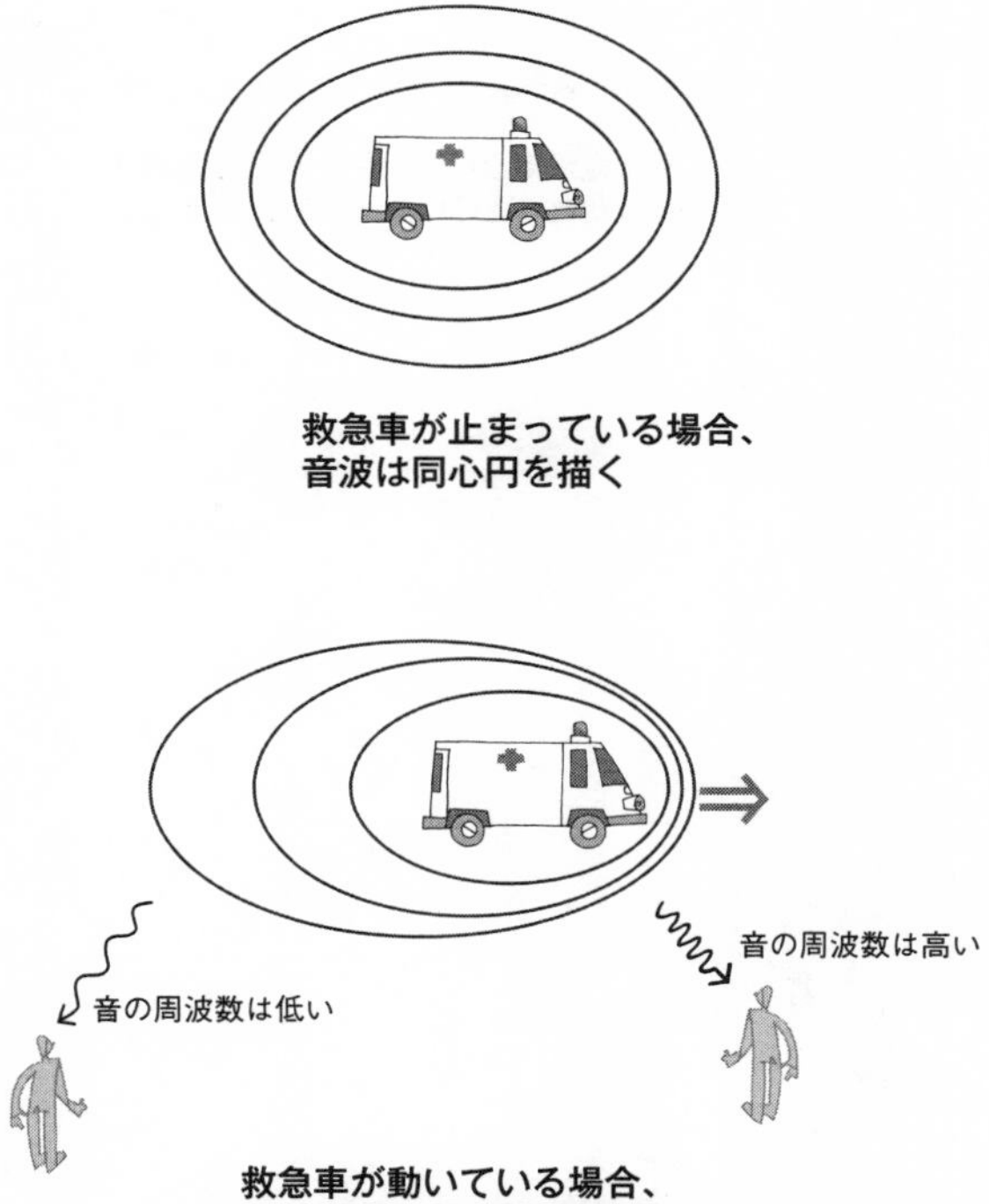
救急車が止まっている場合、
音波は同心円を描く
音の周波数は高い
音の周波数は低い
救急車が動いている場合、
進行方向への音波の波長は短く、
後方への音波の波長は長くなる

$$\text{波長} = \frac{\text{音波の速度}}{\text{周波数}}$$

スピードガンのしくみ

ボールに電波を当て、戻ってくる電波の
周波数の変化からスピードを計算する

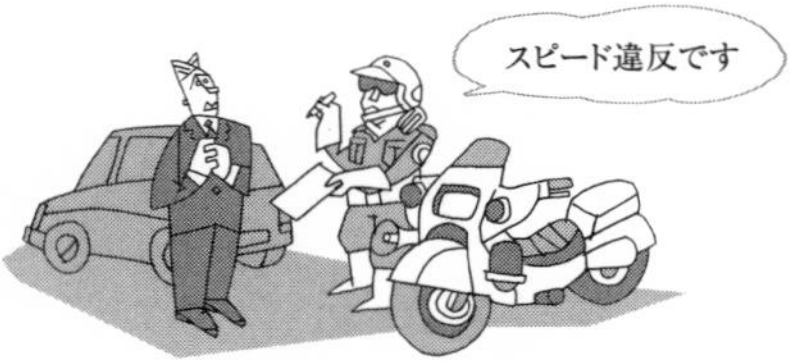

長くなり、波長と周波数は反比例するので、周波数が低くなるためです。

いまのは音波の話でしたが、電波でもドップラー効果は起こります。

車のスピード違反者を見つける装置「スピードガン」は、電波を車に当て、反射してきた電波の波長の変化からスピードを割り出しています。

野球のピッチャーが投げるボールの速度も同じ。スピードガンで、投げたボールに正面から電波を当て、反射してきた電波をとらえます。その電波の周波数の変化から球速を割り出しているのです。

2章　これまでの常識が変わる「家の中の隠れた謎」

化学 「マイナスイオン発生ドライヤー」を化学的に分析すると……

あなたは、「マイナスイオンが発生する商品」を持っているでしょうか。ドライヤーや空気清浄機、扇風機など、電化製品にそう宣伝するものがあります。

しかし、そもそも「マイナスイオン」とは何でしょうか。

「イオン」という言葉は化学でよく使われます。

原子は「原子核」と「電子」からできています。原子核は「プラスの電荷」、電子は「マイナスの電荷」をもっています。

原子は通常、このプラスとマイナスが打ち消しあって電気的には中性になっています。何らかの理由で電子を1つ失うと、その原子はプラスの電荷をもつことになります。マイナスの電荷をもつ電子がなくなったからです。

逆に、原子の電子が1つ増えることもあります。すると、その原子の電荷はマイナスに

陽イオンと陰イオン
（ポジティブ）（ネガティブ）

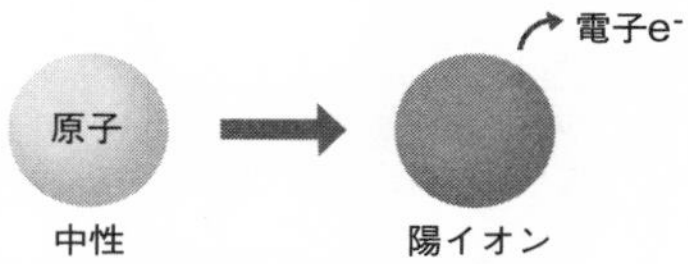

電気的に中性な原子が
電子を失うと陽イオンとなる

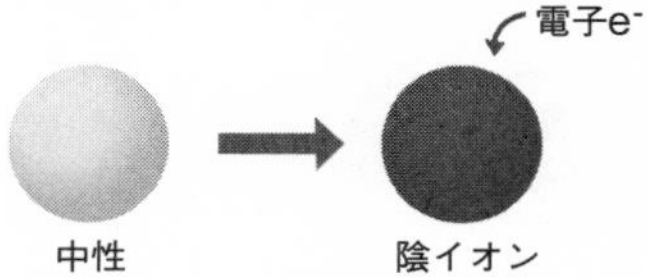

電気的に中性な原子が
電子を得ると陰イオンとなる

マイナスイオンとは?

森林や滝のそばに多いというが、正体は不明

なります。

さて、マイナスイオンですが、以上の話からいうと、電子が1つ多くなったマイナスの電荷をもつ粒子のことのように思えます。

しかし、化学では「マイナスイオン」という言葉は存在しないのです。英語ではマイナスのイオンを「ネガティブイオン」、プラスのイオンを「ポジティブイオン」といいます。日本語では、「陰イオン」と「陽イオン」です。

では、一般に使われているマイナスイオンとは何なのでしょうか。

森林や滝などのそばにあふれているといわれていますが、正体は不明です。

まあ、森林や滝など、気持ちがリフレッシュするので体にいいかもしれませんが……。

化学　冷蔵庫、まわりは温かいのに、中が冷えているのはなぜ？

各家庭に当たり前のようにある冷蔵庫。ですが、初めて国産で製造・販売されたのが、1930年で、一般に普及したのは、1952年といわれます。電気冷蔵庫ができる前は、ボックスに氷のかたまりを入れて冷やす型の冷蔵庫が使われていました。

電気冷蔵庫はどのようなしくみなのでしょうか。

冷蔵庫にもいろいろな種類がありますが、主に家庭で使われているのは「気化《きか》圧縮型」といわれるタイプのものです。気化圧縮型の基本的なしくみは、気体を圧縮すると温度が上がり、圧力を弱めると温度が下がる性質を利用しています。

冷蔵庫の温度を調整しているガスのことを「冷媒《れいばい》」と呼んでいます。

冷媒としては、最初「アンモニア」が使われていましたが、安全性などの理由から「フロンガス」が使われるようになりました。

ところが、フロンガスがオゾン層を破壊することがわかったので、「イソブタン」など、ほかの冷媒が使われるようになりました。

冷蔵庫のしくみは、まず、冷媒にコンプレッサー（圧縮機）で圧力をかけ、高圧で熱をもったガスの状態にします。

温度の高くなった冷媒は放熱器に送られ、放熱することで液体に変わります。液体になった冷媒は細い管から急に太い管に送られ圧力が低くなり、温度が低くなります。

冷媒は液体から気体に変わり、まわりから蒸発熱を得ます。つまり、まわりのモノは熱を奪われるので冷えるのです。

この部分によって冷蔵庫内を冷やすのです。

冷却のしくみ

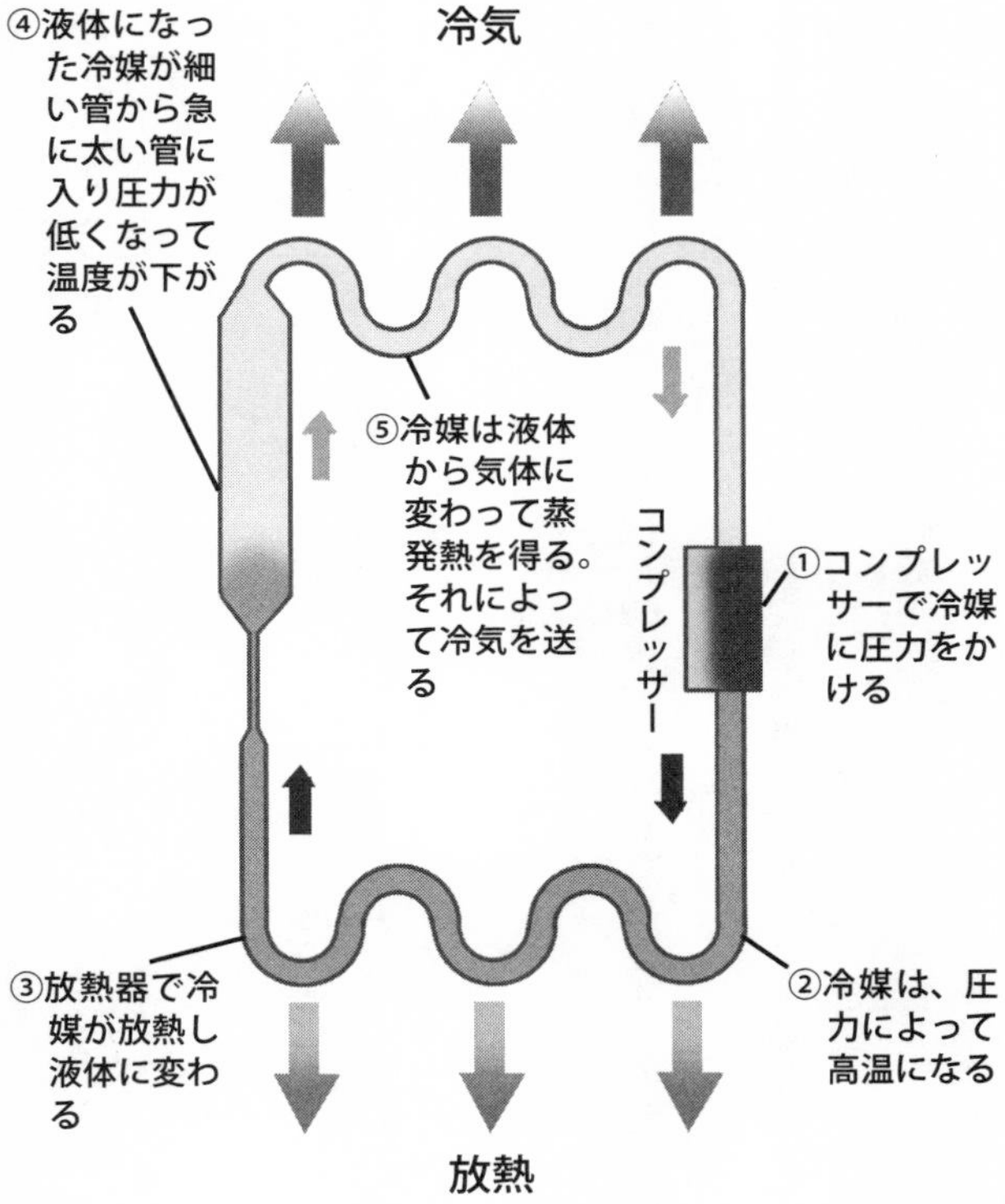
冷気
④液体になった冷媒が細い管から急に太い管に入り圧力が低くなって温度が下がる
⑤冷媒は液体から気体に変わって蒸発熱を得る。それによって冷気を送る
コンプレッサー
①コンプレッサーで冷媒に圧力をかける
③放熱器で冷媒が放熱し液体に変わる
②冷媒は、圧力によって高温になる
放熱

化学 ステンレスのキッチンなのに、缶があるとさびるのは、なぜ？

ステンレスは通常の使用をしている限りさびることがありません。

ステンレスの「ステン」とはさびという意味で「レス」はしないという意味ですからさびない金属ということになります。ステンレスは「鉄」と「クロム」と「ニッケル」の合金です。

鉄がさびるのは、空気中の酸素と結合し酸化鉄になるためです。刀などはさび止めとして定期的に油を塗るなど、手入れをするとさびません。

さび止めとしてさまざまな塗料も使われています。さびないようにあえて、先にさびさせることもあります。黒さびを生じさせる「ブルーイング液」という液材もあります。これをすることで、さびはつかなくなるのです。

ステンレスは含まれているクロムが空気中の酸素と反応し、薄い保護膜をつくります。

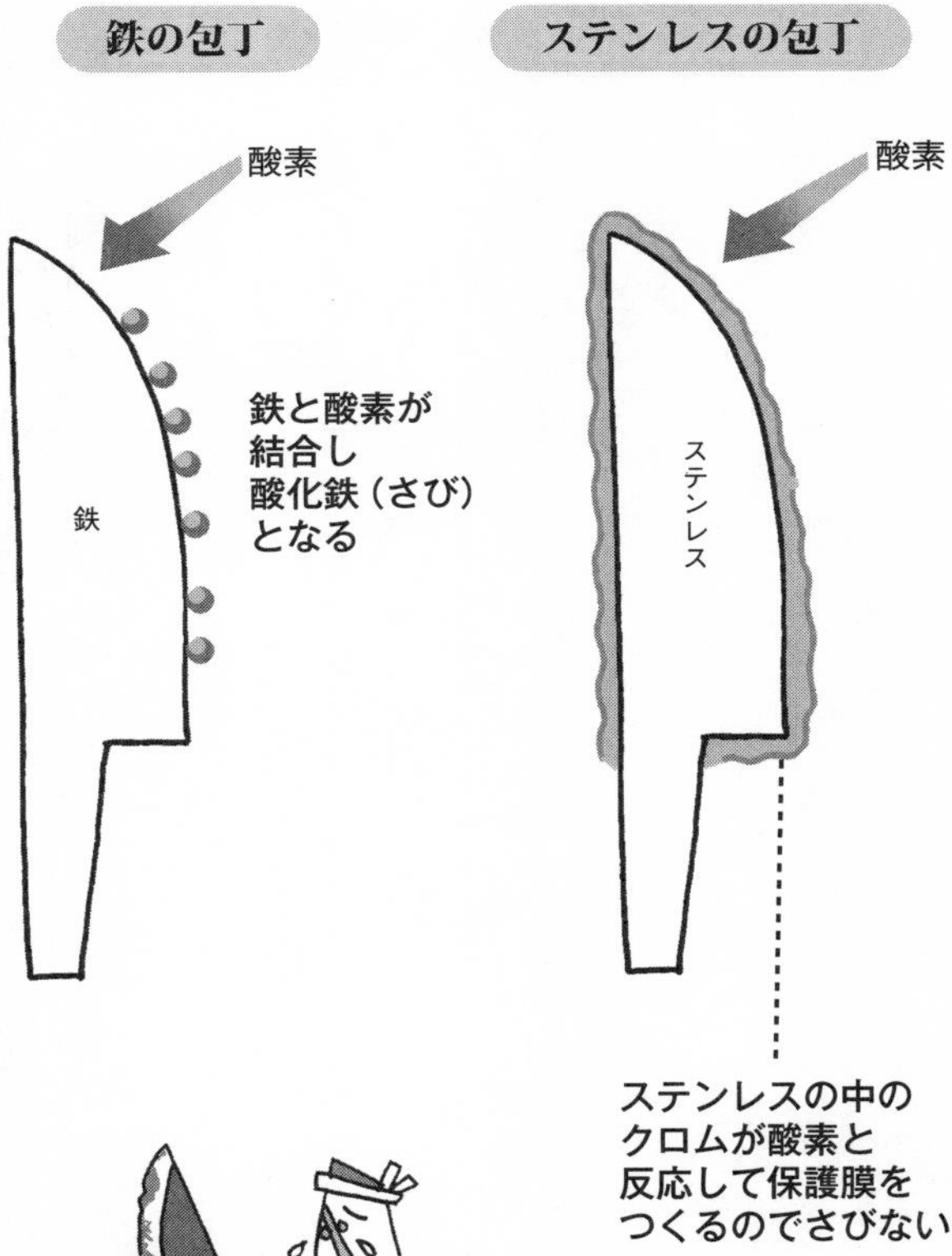
鉄の包丁
ステンレスの包丁
酸素
酸素
鉄と酸素が
結合し
酸化鉄（さび）
となる
鉄
ステンレス
ステンレスの中の
クロムが酸素と
反応して保護膜を
つくるのでさびない

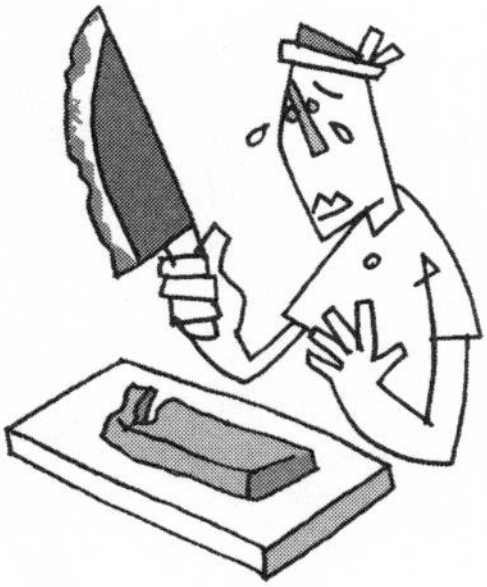

この保護膜を、「酸化被膜」あるいは「不動態皮膜」といいます。

この膜でおおわれることにより、さびにくい金属となります。

しかし、ステンレスは絶対にさびないというわけではありません。

たとえば、海水に長い間さらされるとさびてしまいます。そこで海水に強い「耐海水ステンレス」が開発されています。

また、ステンレスがほかの金属（「軟鋼《なんこう》」「亜鉛」「アルミニウム」）などに触れていると、とくにそれに水分がついているとさびてしまいます。

たとえば、ステンレスの流しに缶などをそのままにしておくと茶色いさびが残る、あれが「もらいさび」です。

化学 石けんで手を洗うと、ホントに清潔になる？

コロナ禍では、「マスク着用」「アルコール消毒」が、感染を防げるとして徹底されています。清潔な生活を送るために必要なことの1つが石けんなどを使った手洗いです。

この石けん、化学的にはどのようなしくみで清潔になるのでしょうか？

石けんはヤシの木などからとれる「天然油脂」に、「強いアルカリ性物質（水酸化ナトリウムなど）」を加えてつくります。

そうしてできた石けんの最大の特徴は、その分子が、水に溶けやすい（親水性）部分と、水に溶けにくい（疎水性）部分の両方をもっていること。その形は、ちょうどマッチ棒のようです。マッチの頭が水に溶けやすい部分、軸が水に溶けにくい部分にあたります。

石けんが脂汚れを落としやすいのは、このような分子の構造によるものです。

まず、石けんの分子が水に入ると、水の表面に、マッチの頭の部分を下にして、逆立ちするように浮かびます。これは、水に溶けにくい軸の部分が水に反発するからです。

石けんの濃度が濃くなり、逆立ちしたマッチ棒が水の表面を埋めつくすと、表面に浮かぶことのできない石けん分子は水の中にもぐり込みます。

そして、いくつもの石けん分子が結びついてマリモのような形をつくります。水に溶けやすいマッチの頭の部分が外側に、溶けにくい軸の部分が内側になるのです。

このマリモのようなものを「ミセル」といいます。

さて、石けん分子の水に溶けにくい部分は、脂には溶けやすい性質をもっています。そのため、モノについた脂汚れによくくっつきます。これを「吸着」といいます。

そして脂汚れを細かくちぎり、モノから引きはがす働きをします。汚れはミセルの中に包み込まれ、その中から逃げ出せなくなります。そのために、汚れは再び布につくことがないのです。

また、石けんは、いわゆる「界面活性剤」の一種です。界面活性剤は、水の表面張力を弱くし、泡立ちをよくする作用があります。それによって、布の繊維などに浸透しやすく

石けんの分子はマッチ棒型

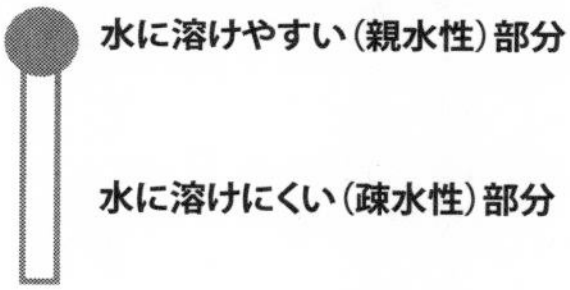
水に溶けやすい（親水性）部分
水に溶けにくい（疎水性）部分

「ミセル」ができるまで

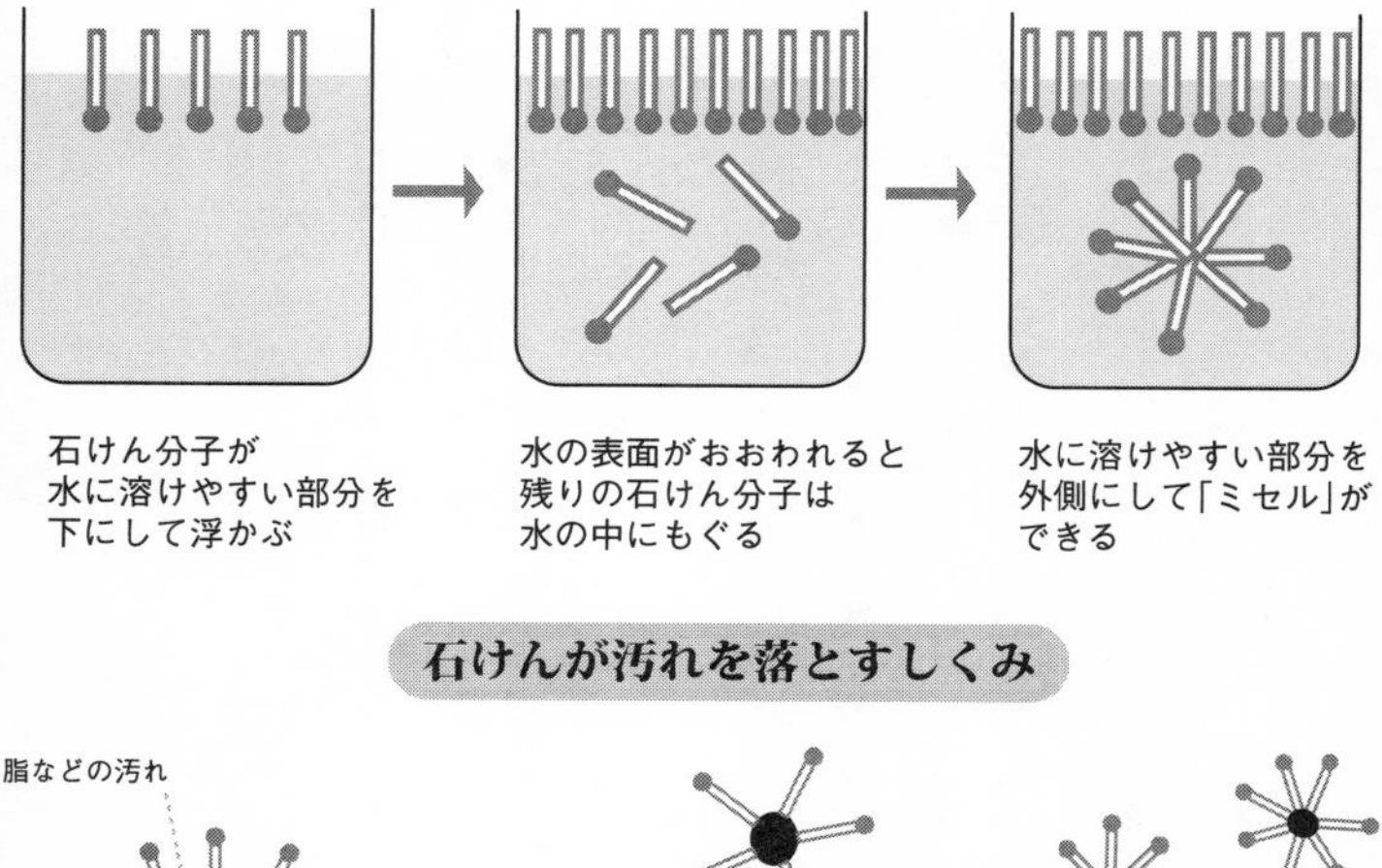
石けん分子が
水に溶けやすい部分を
下にして浮かぶ
水の表面がおおわれると
残りの石けん分子は
水の中にもぐる
水に溶けやすい部分を
外側にして「ミセル」が
できる

石けんが汚れを落とすしくみ

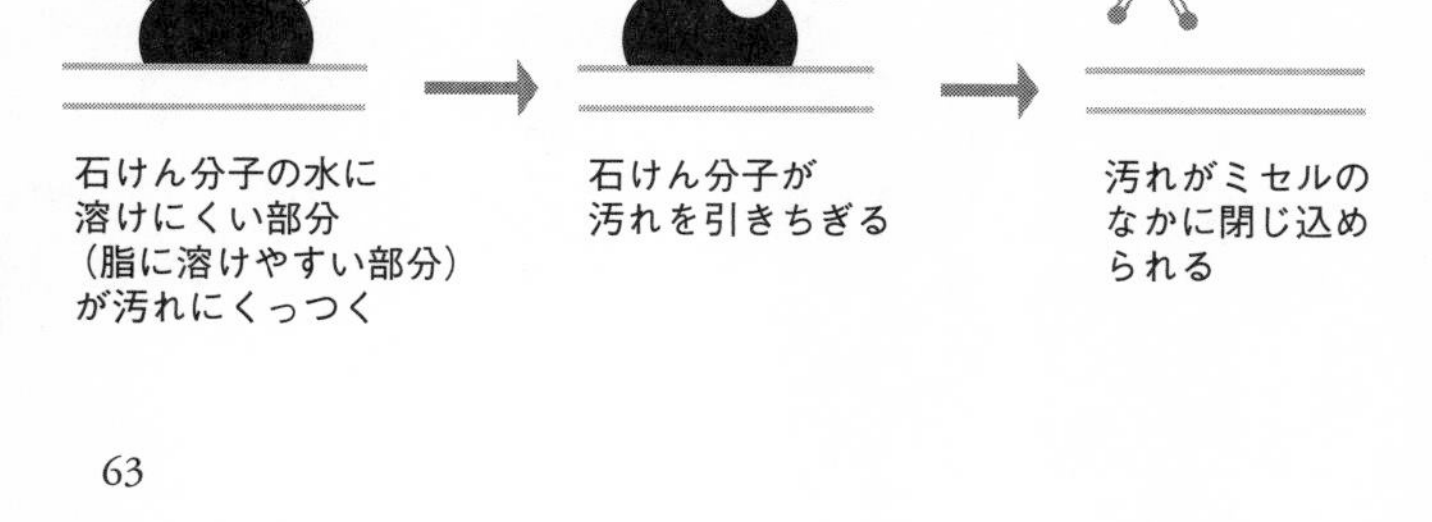
脂などの汚れ
石けん分子の水に
溶けにくい部分
（脂に溶けやすい部分）
が汚れにくっつく
石けん分子が
汚れを引きちぎる
汚れがミセルの
なかに閉じ込め
られる

なり、汚れを落としやすくなります。

このように優れた洗浄能力のある石けんですが、欠点がないわけではありません。石けんが水に溶けると、弱いアルカリ性の水溶液になります。アルカリ性の水溶液には、タンパク質を溶かす性質があります。

石けんで手を洗うと肌がツルツルするのは、手の表面のタンパク質が溶けるから。そのため、使いすぎると、肌を傷めることがあるのです。

同じくタンパク質でできた絹や羊毛なども傷めてしまいます。

また、温泉などの「カルシウムイオン」や「マグネシウムイオン」を含む硬水では、石けんは溶けにくく、泡も立たなくなります。石けんカスが残るだけで汚れも落ちません。

この石けんに対し、石油を原料としたいわゆる合成洗剤は、水溶液が中性なので、温泉などの硬水にもよく溶け、汚れも落ちます。また、絹や羊毛なども傷める心配もないのです。

化学 いまさら聞けない、「液晶テレビ」のしくみ

「液体」と「結晶」で液晶。その名の通り、液体の性質と結晶の性質をあわせもった物質です。どういうことかというと、液体であるのに、固体のように規則正しい分子配列があるという矛盾した性質をもっているのです。

さらに、液晶が奇妙な性質をもっていることもわかりました。電圧を加えると、液晶の分子が向きを変えたのです。これにより、光を通したり、さえぎったりできるのです。

液晶を使って表示するには、「偏光フィルター」が必要です。偏光フィルターとは、すだれのようなものだと思ってください。液晶ディスプレイでは、向きの違う2枚の偏光フィルターを使い、光を通したり、さえぎったりしています。

液晶の性質

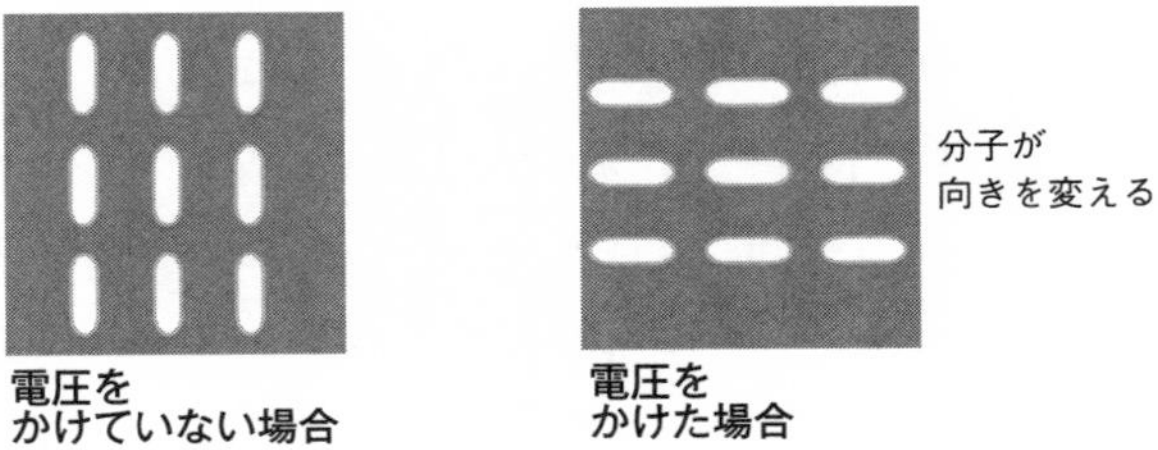

光は、振動する波で、いろいろな振動面をもっています。偏光フィルターは、決まった向きの振動面だけを通すのです。

液晶に電圧をかけていない状態では、偏光フィルターを通ってきた偏光が液晶によってねじられ、もう1枚の偏光フィルターを通り抜けます。

しかし、液晶に電圧をかけると、まず最初の偏光フィルターを通過した光は液晶によってねじられることなく、その次の2枚目の偏光フィルターを通り抜けることができません。

このように、液晶ディスプレイは液晶に電圧を与えたり、切ったりすることで、画像を表示しているのです。

液晶ディスプレイのしくみ

●電圧をかけていない場合

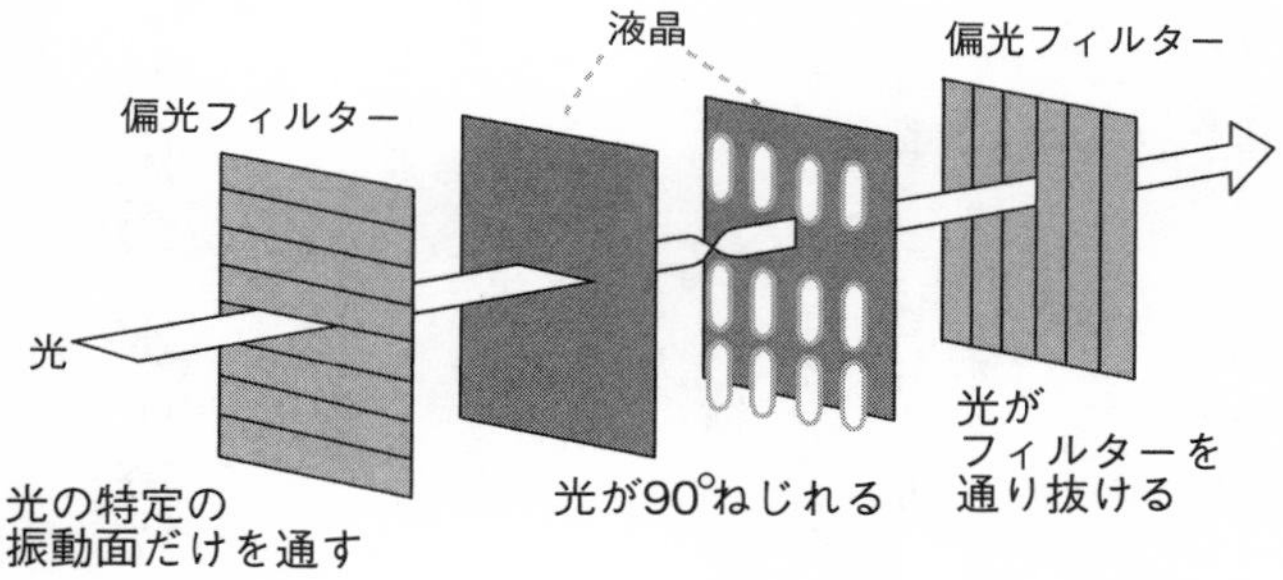
液晶
偏光フィルター
偏光フィルター
光
光が
フィルターを
通り抜ける
光の特定の
振動面だけを通す
光が90°ねじれる

●電圧をかけた場合

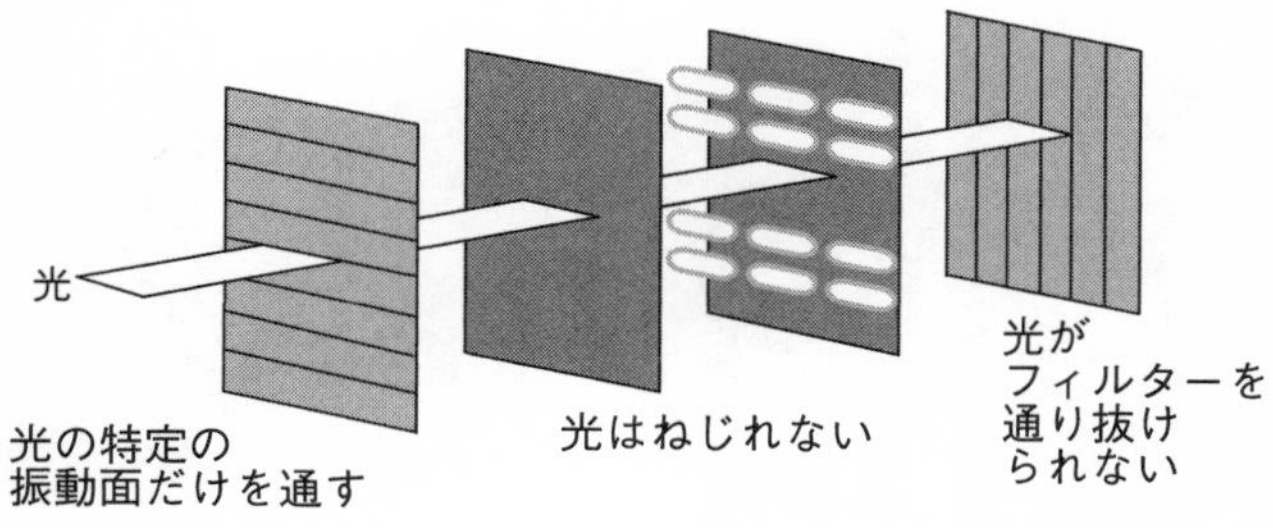
光
光が
フィルターを
通り抜け
られない
光の特定の
振動面だけを通す
光はねじれない

化学 考えると不思議「水に溶けるモノ、溶けないモノ」

食塩も砂糖も水によく溶けます。そして、溶けると透明になって見えなくなります。まるでどこかに消えてしまったかのようです。

いったい、水の中の食塩はどのような状態になっているのでしょうか。

私たちがふだん見る食塩は白い結晶になっています。この結晶は塩化物とナトリウムが「イオン結合」したもので、「イオン結晶」といいます。

イオン結合とは、「陽イオン」と「陰イオン」が電気的な力で結びつく結合のことです。たとえば、食塩の結晶は、陽イオンであるナトリウムと陰イオンである「塩化物イオン」がイオン結合してできています。

では、食塩を水に溶かしたらどうなるでしょうか。

水分子の極性

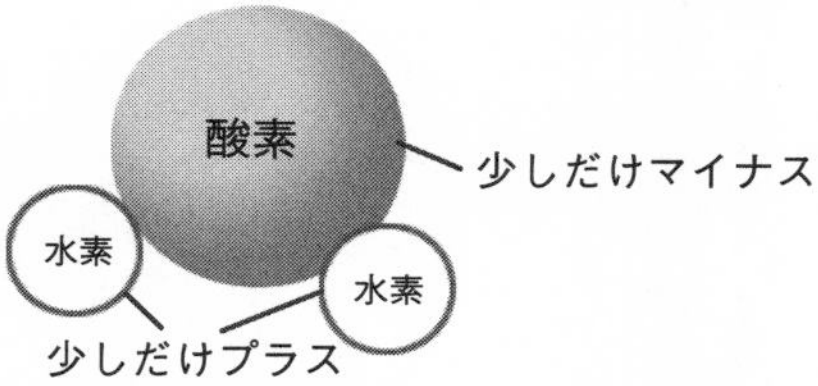

水分子は酸素と水素の電子の分布に偏りがあり、酸素は少しだけマイナスに、水素は少しだけプラスになっている。これを極性という

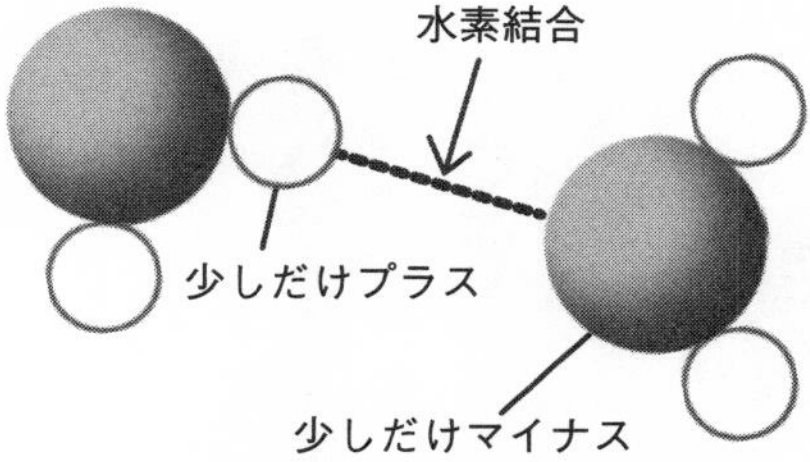

そのため水分子は酸素と水素が引き合い水素結合している

食塩(NaCl)が水に溶けると

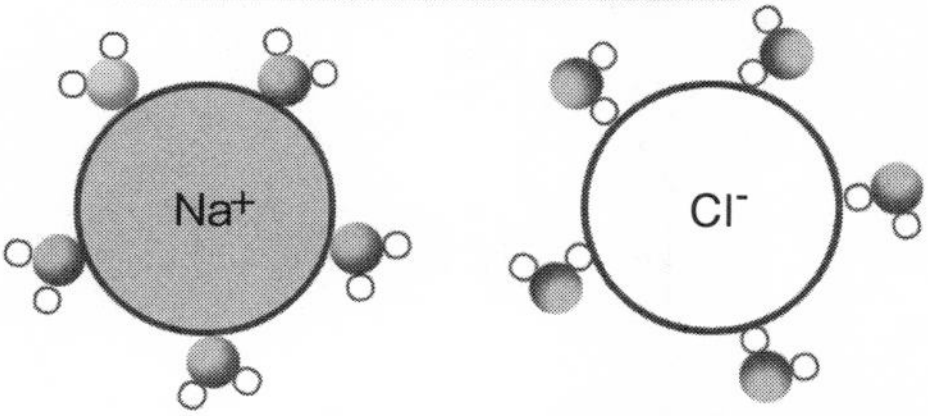

Na^+と少しだけマイナスの酸素が引き合い、Cl^-は少しだけプラスの水素と引き合う

ナトリウムイオンと塩化物イオンはバラバラになり、水の分子に囲まれます。バラバラになったナトリウムイオンと塩化物イオンは、一つひとつはとても小さいので見えなくなってしまったのです。

水がよくモノを溶かすのは、水分子が「極性」をもっているためです。これは水分子の電子の配分に偏りがあるからです。この性質のために、水分子同士は「水素結合」という弱い力で結びついています。

食塩水に溶けたナトリウムイオンと塩化物イオンは、水分子の酸素と水素に囲まれるようにして水素結合し、安定しています。

水と同じように極性のある物質（たとえばエタノール）は水によく溶け、極性のない物質（たとえば油）は溶けにくいのです。

化学　無重力で水がブヨブヨする謎、ポイントは「表面張力」にあった

水をコップいっぱいに注ぐと、盛り上がっていまにもこぼれそうになります。しかしこぼれることはありません。ご存じの通り「表面張力」が働いています。ただ、この現象は知っていてもそのカラクリを説明できる人は少ないものです。

そもそも水は酸素原子1つと水素原子2つが結びついた分子です。水分子と水分子は、「水素結合」という力で結ばれています。この力により、コップの中の水分子はまわりの水分子と互いに引っ張りあっているのです。

ところが、水の表面にある水分子は、横や下の水分子とは引っ張りあえますが、上から引っ張ってくれる水分子がありません。

だから、下に引っ張られる力だけ残ります。すると、水は、表面の面積をできるだけ小さくなるようにします。これが表面張力の正体です。

もし、重力のない場所であれば表面張力が働いて、水は球形になります。球型は水がいちばん表面積の小さい状態だからです。

水は地球上ではありふれた物質ですが、化学の目で見ると、これくらい変わった物質はありません。

まず、常温で液体であること。臭素と水銀を除けば、常温で液体である物質はほかにありません。また、私たちが自然環境の中で、液体、気体、固体であるのを見られる物質も水しかありません。

ほかの物質と違って、水は、氷（固体）でいるときより、液体のときのほうが密度が高いのも不思議です。

表面張力

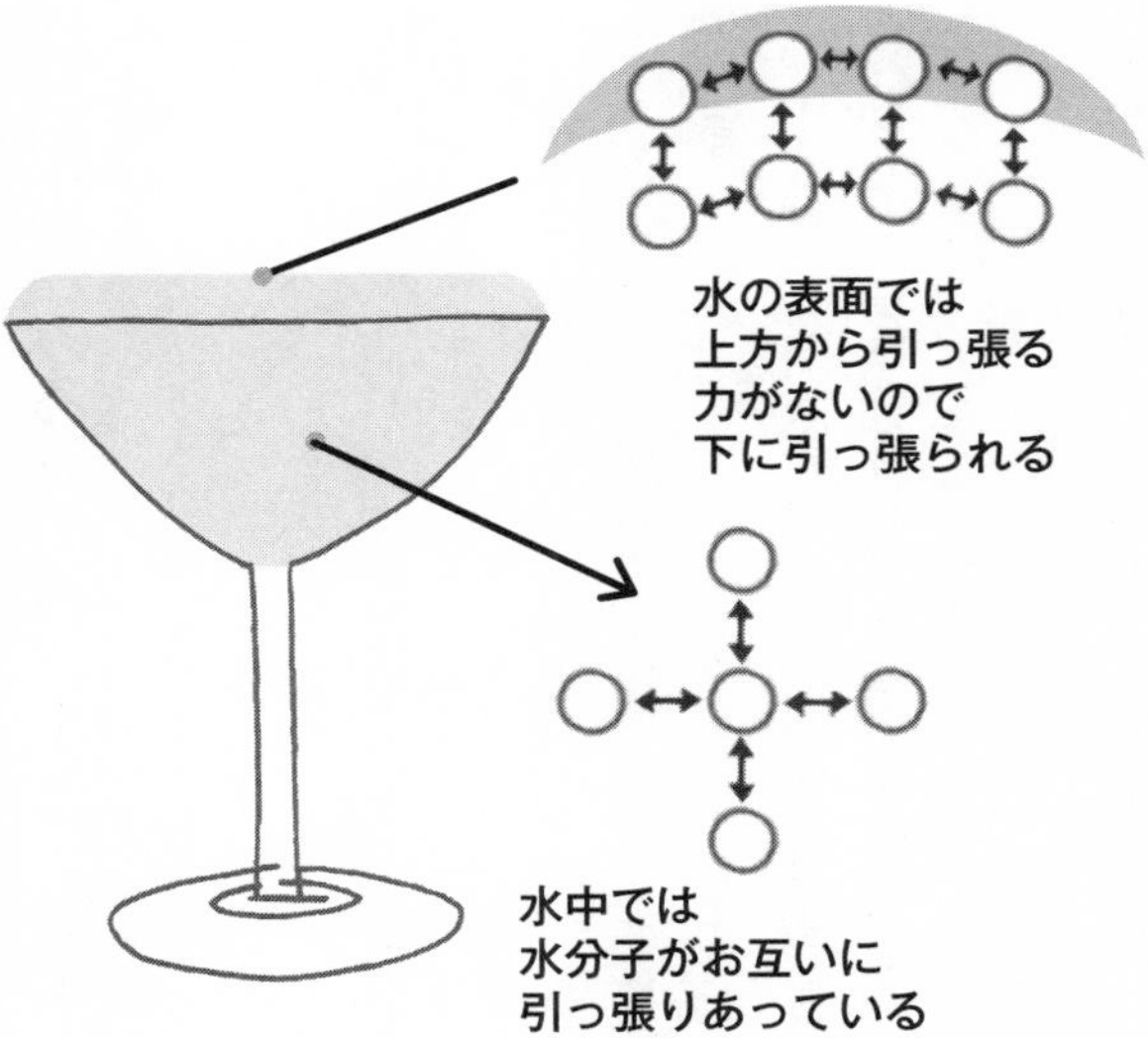
水の表面では
上方から引っ張る
力がないので
下に引っ張られる
水中では
水分子がお互いに
引っ張りあっている

アメンボが水の上を歩けるのも
表面張力のおかげ

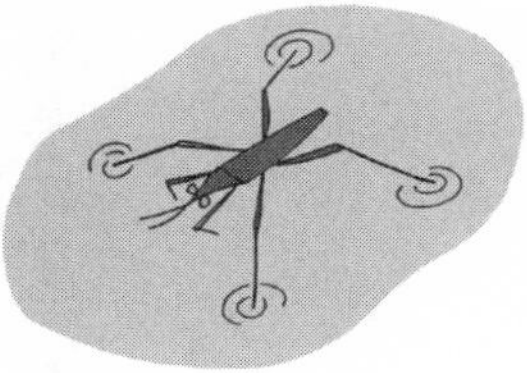

水滴

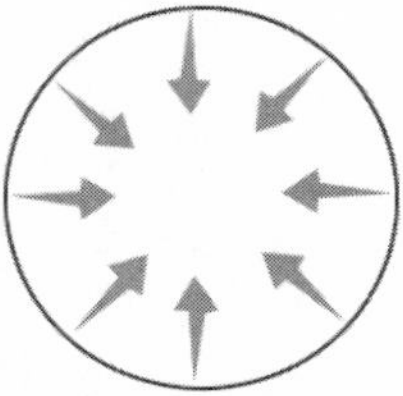

宇宙の無重力空間では
表面張力で球になる

化学 注いだ水がみるみる凍ってく!? 家でできるマジックのような現象

ペットボトルに入っていたふつうの水をコップに注いだら、注がれた水が次々と凍っていく。……いったい、何が起こったのでしょうか。

ふつう、水は0℃になると凍りはじめます。

しかし、条件によっては、氷点下になっても凍らないことがあるのです。これを「過冷却」といいます。

ペットボトルに混ざりものの少ない水道水を入れて、冷凍室に入れ、振動を与えないでゆっくり冷やすと、過冷却が起こることがあります。水道水でうまくいかないときは、薬局にある精製水を使ってみてください。

実は、水が凍るにはいくつかの条件が必要です。

過冷却を起こすには

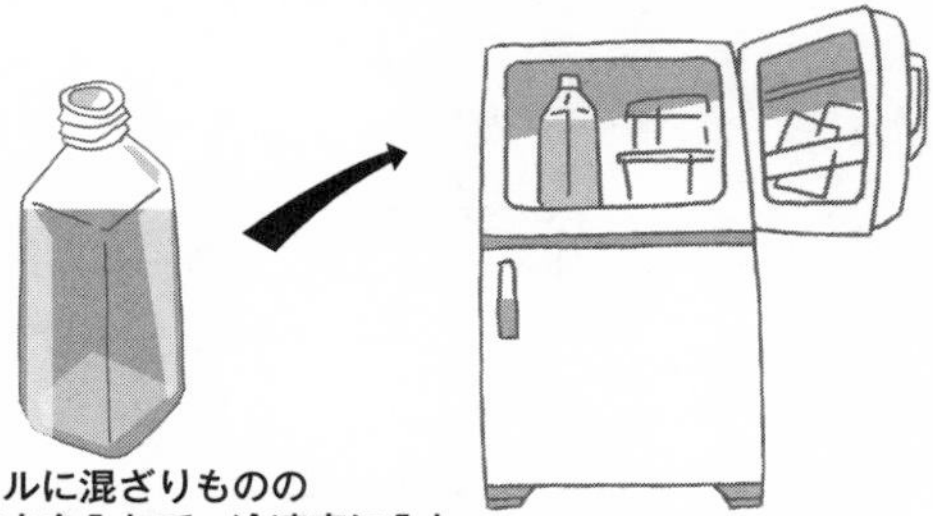

ペットボトルに混ざりものの
少ない水道水を入れて、冷凍庫に入れ、
振動を与えないでゆっくり冷やす

皿に注ぐと、みるみる凍っていく

突沸

たとえば、水にほとんど不純物がないと、氷になる核がなくて凍るきっかけがなくなります。また、ゆすったりしないで、動かさずに置いておくことも過冷却の条件です。うまくいけば、マイナス10℃くらいまでは凍らないようです。

ところが、ペットボトルから、コップに水を注ぎ出したとたん、次々と氷になっていきます。これは凍るのに必要な衝撃が与えられたからです。

これと逆の現象が「過熱」です。傷のない容器でゆっくり加熱していくと100℃を超えても沸騰しないことがあります。

この状態のときに、振動を与えたり、不純物を放り込んだりすると突然激しく沸騰します。これを「突沸《とっぷつ》」といいます。

ときどき、味噌汁を温めているとき、爆発的に中身が噴き出すのは、この現象です。

物理　排水溝の水は、決まって反時計回りに流れるって、ホント⁉

突然ですが、次のような話を聞いたことありませんか？

「お風呂のお湯を抜くときの水の排出をよく見てください。渦を巻いていることがわかると思います。しかも、反時計回りに……」話は続きます。

「……この渦巻の方向は、地球の北半球では必ず反時計回り、南半球では時計回りになるのです」と。地球規模の「ある力」が、身近なところに作用しているという話です。

物理的に正しいか考えていきましょう。


原因として、多くは、次のような説明がなされます。地球上で働いている力に「コリオリの力」があります。これは地球の「自転」によって生じる力です。

コリオリの力は、北半球では北から、南に行くときは右向きに働き、南から北へ行くときも右側に働きます。

コリオリの力がもっともわかりやすいのは、「台風」です。台風は、北半球では反時計回りに、南半球では時計回りになっています。

台風の回転に影響を与えるというと、コリオリの力がよほど大きいような感じがしますが、実際は、その力は小さく、台風くらいの大きさにならないとはっきり見えないのです。

実は、私たちが歩いているときも、自転車に乗っているときも、車に乗っているときも、コリオリの力は作用しています。しかし、あまりに小さい力なので、日常の生活にはほとんど影響を与えません。

影響があるのは、飛行機で南北方向に飛んでいるときなどです。北半球では、南から北に向かうときも、北から南に向かうときも進路は右にずれます。

冒頭の風呂の排水に対しては小さな影響しかないので、回転は右回りにも左回りにもなります。それは風呂や排水口の形状などの影響によるものでしょう。

コリオリの力の説明は正しいのですが、それを身近で見られるほど大きな力ではないため、冒頭は俗説といえます。

コリオリの力

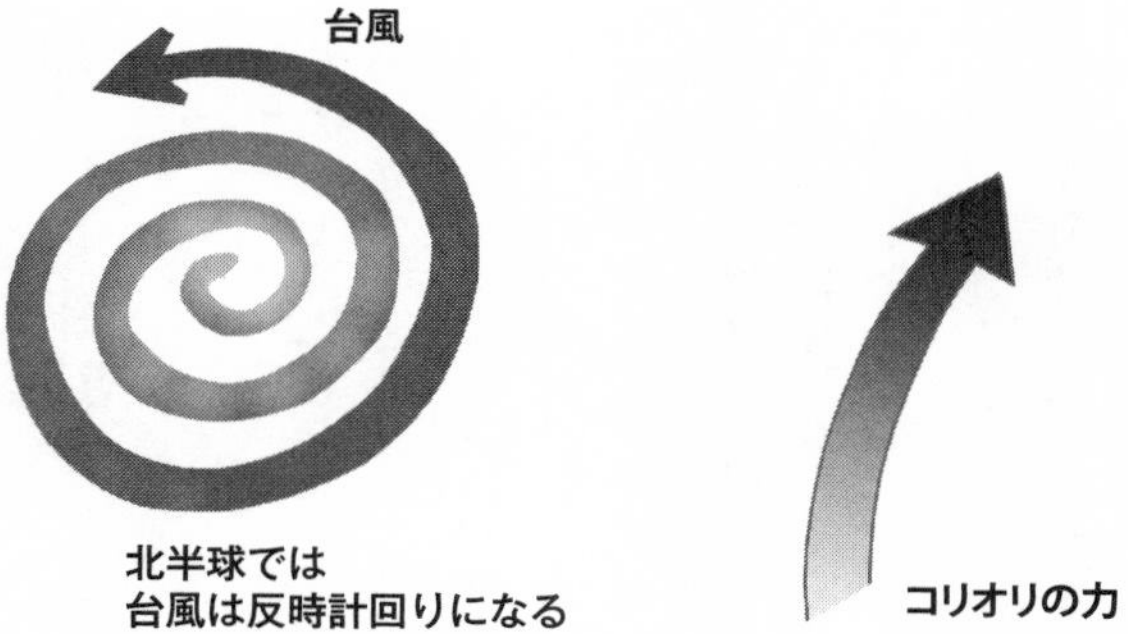
台風
北半球では
台風は反時計回りになる
コリオリの力

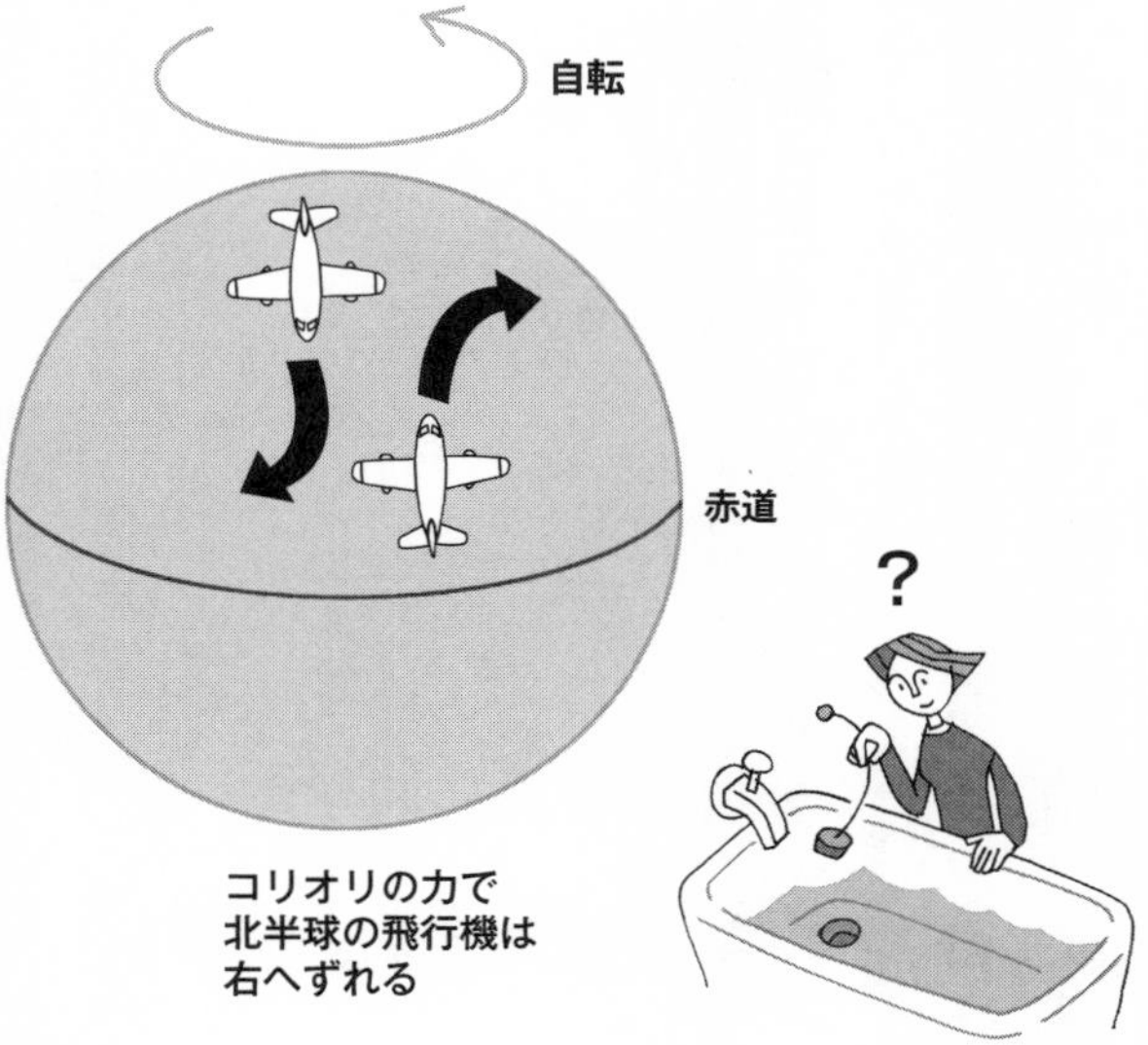
自転
赤道
?
コリオリの力で
北半球の飛行機は
右へずれる

化学 ぬるいビールを、一瞬で冷やせる裏技

冷えていないビールを早く冷やしたい場合、氷水に入れておく方法がよく使われます。そのとき、適度な塩を入れるといっそう効果的です。とはいえ冷凍庫に入れるのは、オススメはしません。うまみ成分が凍ってまずくなるからです。

さて、どうして、氷水に塩を入れると温度が低くなるのでしょうか。

水の中に氷を入れると、氷は水より温度が低いので、氷は水から熱を奪っていきます。それでも氷の表面は溶けながらも0℃が保たれています。そこへ塩をかけると、なぜか氷は溶けるのが速くなります。

これは塩をかけたことにより「融点」（固体が液体になるときの温度）が下がったからで、水に塩が溶けると融点は0℃以下になります。それにより氷は0℃では固体でいられなくなり、急激に溶け始めるのです。

溶け出した氷が水から熱をどんどん奪うため水温が低くなります。

塩水は、塩の濃度が高くなると融点がマイナス20℃近くにまで下がります。逆にいうと、濃度の高い塩水はマイナス20℃以下にしないと凍らないということです。

「氷に塩」でよく冷えるワケ

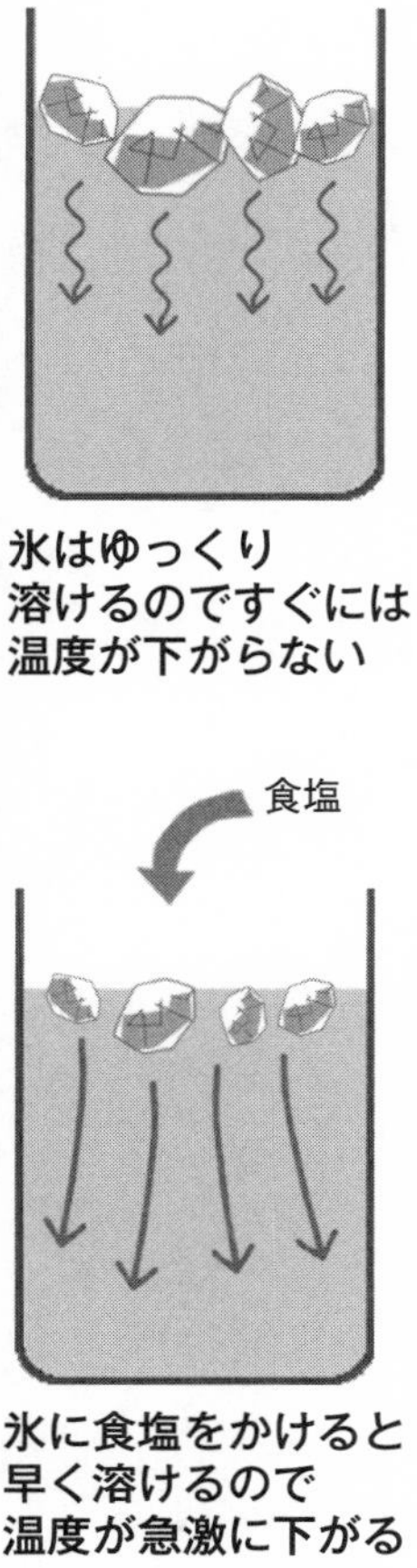
氷はゆっくり
溶けるのですぐには
温度が下がらない
食塩
氷に食塩をかけると
早く溶けるので
温度が急激に下がる

物理 わかるようでわからない、接着剤が液体の理由

ふだん当たり前のように使っているのに、そのしくみを知らないものはたくさんあります。接着剤もその1つではないでしょうか。

接着剤がくっつくしくみは、大きく分けて3つあります。

1「機械的結合」
2「化学的結合」
3「物理的結合」

まず、機械的結合について考えてみましょう。モノの表面は一見スベスベのようでも、拡大して見るとけっこうゴツゴツしているもの。細かなくぼみや裂け目がたくさんあります。

機械的結合

被着材のくぼみや
裂け目の中に接着剤
が入り込み、くっつく

化学的結合

接着剤

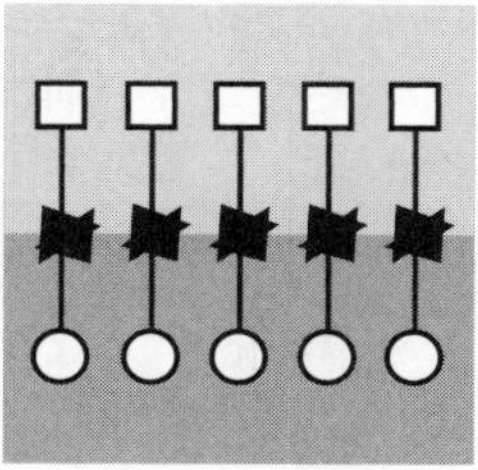

被着材

被着材の分子と
接着剤の分子が
化学結合する

物理的結合

接着剤

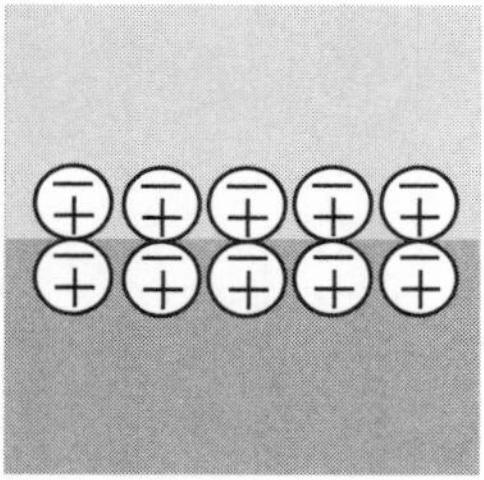

被着材

被着材の分子と
接着剤の分子が
互いに引きつけあって
結合する

接着剤は、このくぼみや裂け目の中に入り込むことでモノとモノをくっつけます。まるで、船がいかり（アンカー）を使って停船しているのに似ているので、「アンカー効果」ともいいます。

次に、化学的結合は、その名の通り、モノと接着剤が化学的に接着するしくみになっています。これは「共有結合」という分子と分子が直接結びつくもので、強い接着力をもちます。

最後に、物理的結合とは「分子間力」という力で、モノと接着剤の分子と分子が互いに引きつけあう力によってくっつきます。

瞬間接着剤は、強力な接着力をもっていますが、これは「シアノアクリレート」という成分が水分と結びついて固まるしくみになっています。瞬間接着剤だけでなく、多くの接着剤は、くっつける前に濡れることが必要です。そして、「濡れ」が飛ぶことによって接着面が固定されて、くっつくのです。

物理　ピリッと痛い静電気、それを利用した身近なモノ

子どものころ、下敷きをこすって頭に近づけると髪の毛が逆立つ遊びをしたことがあると思います。

このように摩擦によって起こる電気を「静電気」といいます。ふつう電気は流れるものですが、静電気は流れずに静かにじっとしています（帯電しているという）。

2つのモノをこすると、電子がはぎとられ、どちらかがプラスに、残りがマイナスに帯電します。

何かのきっかけがあったとき、電子が元に戻ろうとして放電が起きます。これが静電気です。

服を脱ぐときや、ドアノブにさわったときに放電され、あの不快な感じを起こすわけです。

静電気は冬などの乾燥した時期によく起こります。

セーターを脱いだときなど、暗闇では火花が散るのを見ることができます。

この火花は、日常では、ピリッと感じる不快以外はさほど危険なことはありません。

しかし、めったにないことですが、セルフスタンドで車にガソリンを入れるとき、静電気の放電によって引火することがあるそうです。

このように静電気は悪さばかりするものと思われていますが、実は、静電気を積極的に利用したモノがあるのも忘れてはいけません。
たとえば、静電気は細かいちりなどを引き寄せる性質をもっています。掃除のときに使う「モップ」は、静電気によってほこりを吸い取ります。
また、「コピー機」は静電気を使って黒い炭素の粉をくっつけて印刷します。
静電気は、生活の中でも役立っているのです。

静電気のしくみ

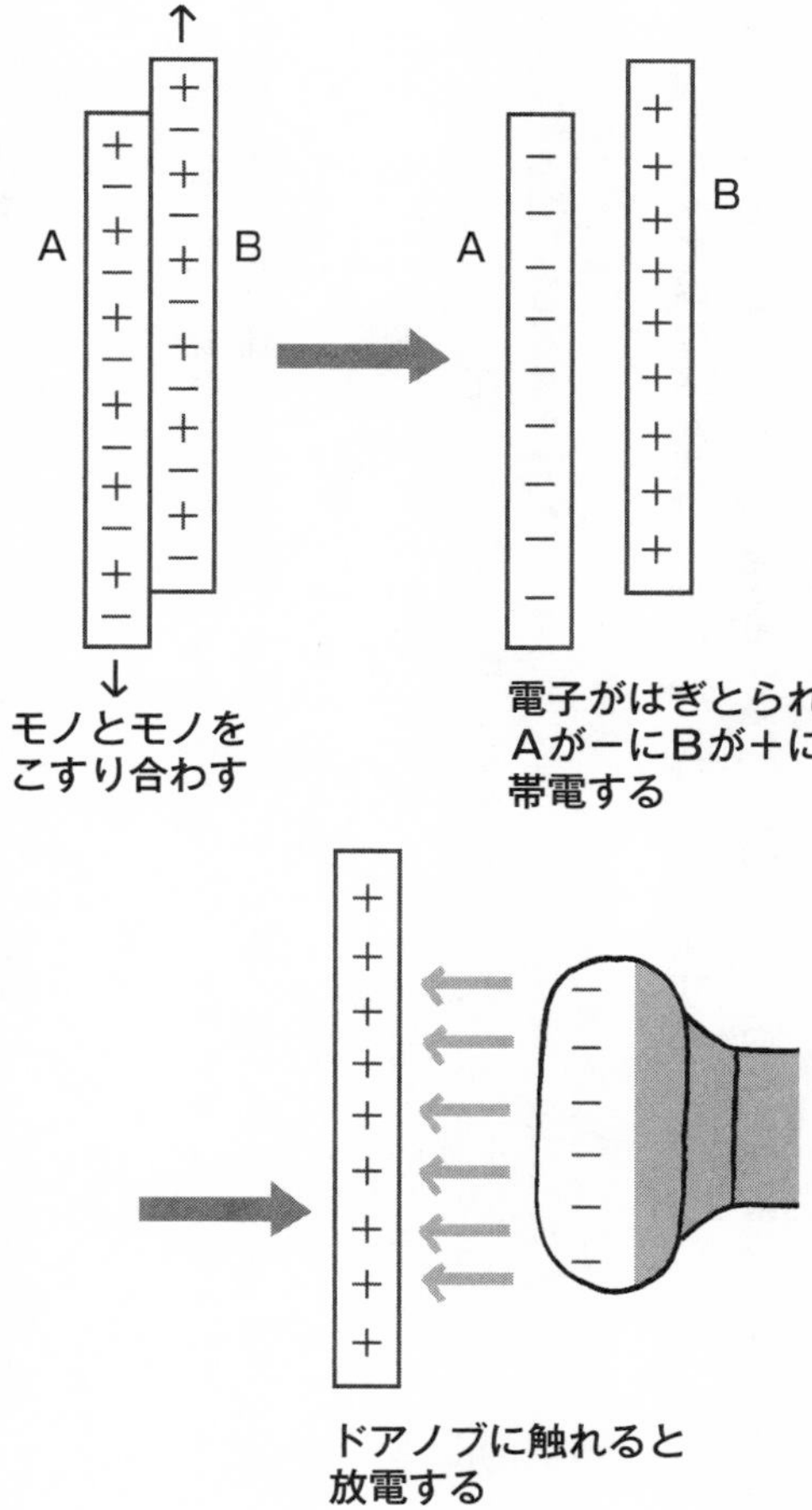
A
B
モノとモノを
こすり合わす
A
B
電子がはぎとられ
Aが－にBが＋に
帯電する
ドアノブに触れると
放電する

物理 「鉛筆で書く」「消しゴムで消す」、意外と答えられないそのしくみ

鉛筆の芯の主原料は、炭素でできた「黒鉛（石墨）」という結晶で、これに粘土などが混ぜてあります。鉛筆の濃さをあらわす「H」「HB」「B」などの違いは、黒鉛と粘土の配分の違いです。薄いほど粘度の割合が高く、濃いほど粘度の割合が低くなります。

さて、鉛筆で紙に字が書けること、鉛筆で書いたものを消しゴムでなぞると消えるのは、誰もがわかっていること。ですが、どうしてそうなるのかはなかなか説明できる人がいません。物理的に深掘りして考えてみましょう。

まず、鉛筆を使って紙に字が書ける理由からひもときます。

紙は一見ツルツルしているように見えますが、顕微鏡で見ると、実は表面が繊維の織物のようになっていることがわかります。

そのため、紙の細かい繊維に鉛筆の黒鉛が引っかかって削れ、黒鉛が紙に残るのです。

鉛筆で書けるしくみ

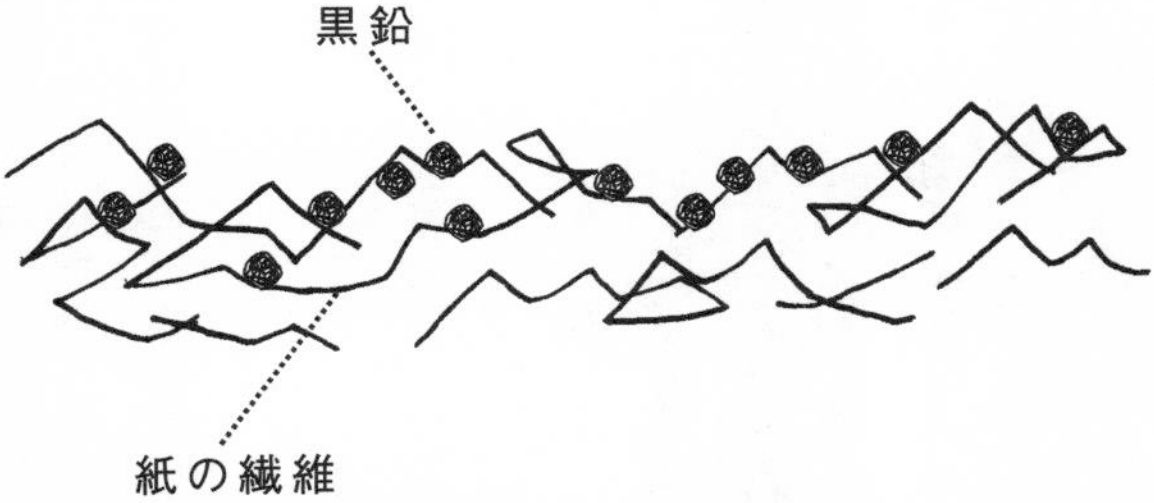

鉛筆で字を書くと紙の繊維に黒鉛が引っかかる

消しゴムで消せるしくみ

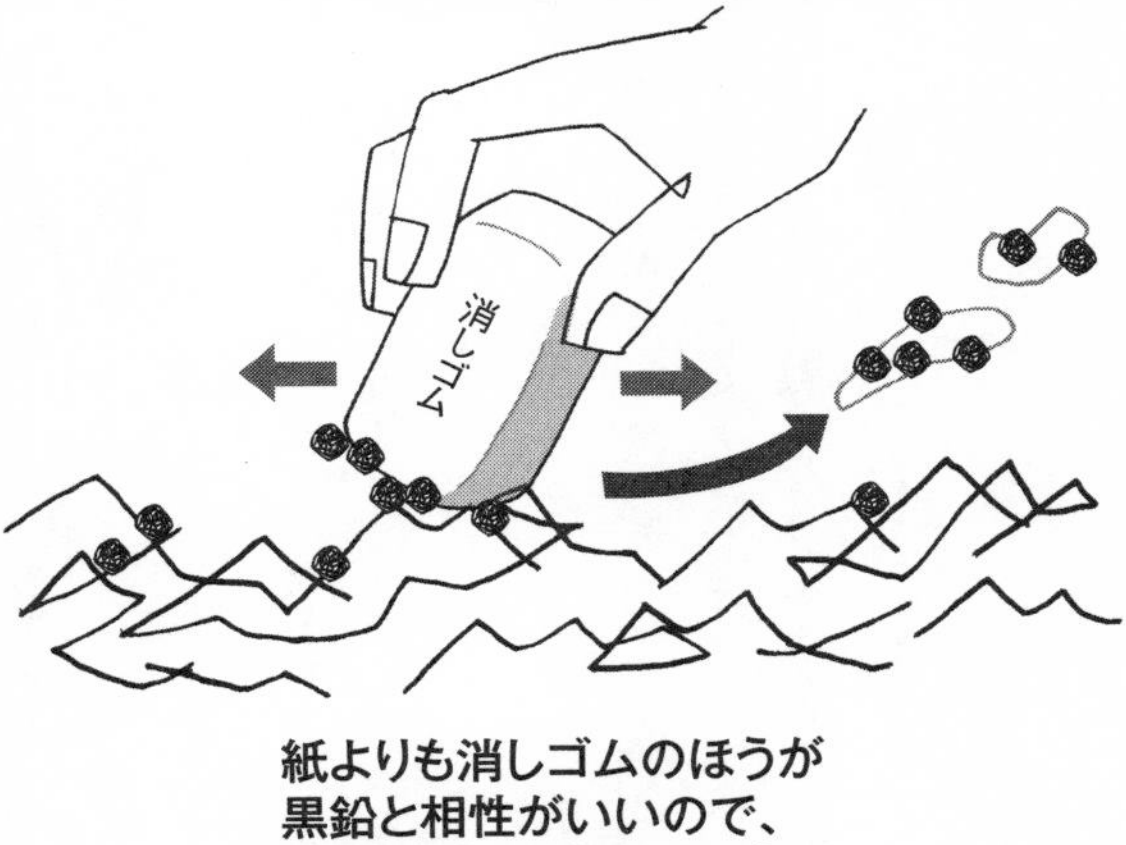

紙よりも消しゴムのほうが黒鉛と相性がいいので、繊維に引っかかっていた黒鉛を引きはがす

たとえば、プラスチックや金属のように表面に繊維のないものには鉛筆が使えません。

このような、鉛筆を削って紙に書くしくみで鉛筆が使われ出したのは17世紀初頭のヨーロッパであるといわれています。


一方、消しゴムは1770年、イギリスの化学者ジョゼフ・プリーストリーによって発案されました。当初は天然ゴムを主原料としていましたが、現在ではプラスチックを原料としたものがほとんどです。

消しゴムで字が消せるのは、紙よりも消しゴムのほうが、黒鉛との相性がいいからだといえます。つまり、黒鉛は紙よりゴムのほうにくっつきやすいのです。そのため、紙の繊維にまとわりついていた黒鉛を消しゴムが吸い取るように消してくれます。

鉛筆で書かれていた字を消しゴムでなぞると、消しゴムは黒くなりますよね。その消しゴムの表面は、紙をこすっているので、削り取られていく。そのため、いつもまっさらなゴムで、何度でも消すことができるのです。

化学 人工、合成、植物……、ややこしい繊維の種類がいっきにわかる

衣料用に使われている繊維には「天然のもの」と「人工のもの」があります。天然のものには「植物繊維」と「動物繊維」があります。植物繊維としては、麻、綿などがあり、動物繊維には、絹、羊毛などがあります。それぞれ性質が違い、その特性を生かした使われ方をしています。

そもそも「繊維」とは基本となる分子が鎖状に細く長く結びついたものです。たとえば、麻、綿は、「セルロース」という多糖類の分子が結びついてできています。「レーヨン」は人工繊維ですが、セルロースを加工したもので「再生繊維」と呼ばれています。吸水性が高いので汗を吸う性質があります。しかしながら、しわができやすいという弱点があります。

動物繊維である絹、羊毛はタンパク質でできています。タンパク質はアミノ酸の組み合わせでできています。

絹と羊毛は同じタンパク質でも、その組み合わせは大きく違っているため、性質も違っています。絹は吸水性に優れていますが、虫に食われやすく、アルカリや紫外線に弱いのが弱点です。

羊毛は吸水性がよく、しわになりにくいのが長所ですが、絹と同じように、虫に食われやすく、アルカリや紫外線に弱いという欠点をもっています。

合成繊維には「ナイロン」「ポリエステル」「アクリル」などがありますが、原料として石油を使っています。

構造はタンパク質によく似ています。しわになりにくく丈夫ですが、吸水性が悪いのが難点です。

繊維の種類

- 繊維
  - 天然繊維
    - 植物繊維
      - 麻
      - 綿
    - 動物繊維
      - 絹
      - 羊毛
  - 化学繊維
    - 再生繊維
      - レーヨン
      - キュプラ
    - 半合成繊維
      - アセテート
    - 合成繊維
      - ナイロン
      - ポリエステル
      - アクリル
      - ビニロン
    - 無機繊維
      - ガラス繊維
      - 炭素繊維

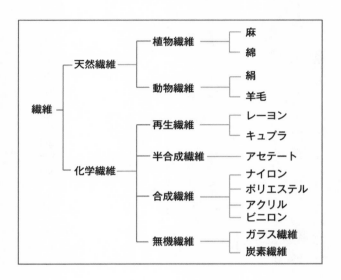

物理

金属なのに「形状記憶」、なぜ元の形に戻れる？

その名の通り、あたかも形を記憶しているかのごとくふるまうのが「形状記憶合金」です。室温では小さな力でもかんたんに変形しますが、ある一定の温度以上になると、元の形に戻る性質があります。

身近なところでは、たとえば、形状記憶合金ブラジャー。タンスにしまうときにはどんな形にも折りたためますが、身につけると体温で元の形に戻ります。ほかには、さまざまなパイプの継ぎ手として使われています。

それにしても金属が「記憶する」とは、何が起こっているのでしょうか。

多くの金属は、原子同士が密に結びついています。外から大きな力を加えると、それまで結合していた原子と原子の結びつきがこわれ、他の原子と結びついてしまいます。その結果、金属は変形し、元の形に戻れなくなるのです。

対して、形状記憶合金は、ある一定の温度以上になると、規則的に原子同士が結びつき、いちばん安定した状態に戻ろうとします。温度を下げると変形しやすくなります。しかも、原子同士の結びつきは変わらないまま変形させることができるのです。

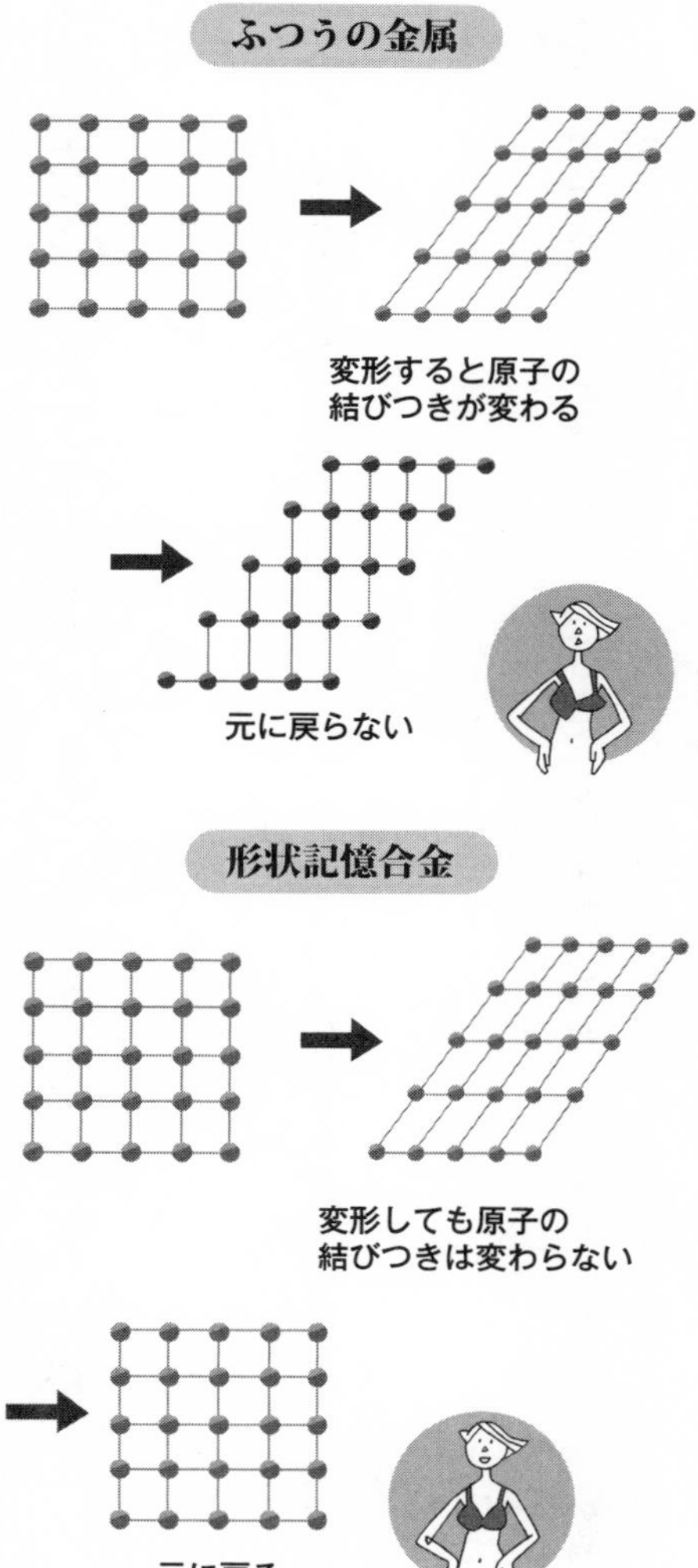
ふつうの金属
変形すると原子の
結びつきが変わる
元に戻らない
形状記憶合金
変形しても原子の
結びつきは変わらない
元に戻る

化学 カーテンのすき間から見える「光の道」、その正体とは

閉じたカーテンのすき間から、日光の通り道がはっきり見えることがあります。また、映画館でも、映写機からスクリーンにいたる光の通り道が見えることがあります。これを、「チンダル現象」と呼びます。これは、「コロイド」という小さな粒子が光を散乱させるために起こる現象です。

空気中や液体の中にはいろいろな大きさの粒子が含まれています。これらの粒子のうち、1ナノメートル（10億分の1メートル）から1マイクロメートル（100万分の1メートル）までの大きさの粒子をコロイドといいます。その大きさゆえに独特な性質をもっています。

空気中のちりや煙、雲や霧などはコロイドによるものです。また、コロイドは水中に散

映画館の「光の道」＝チンダル現象

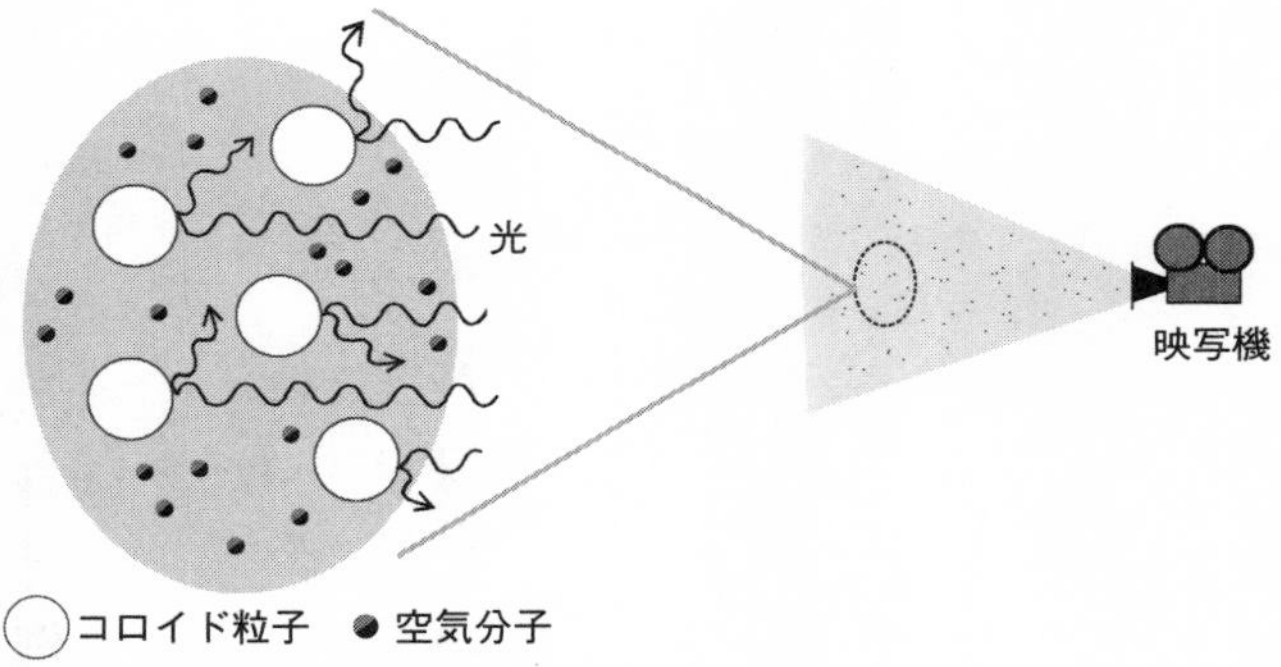

空気分子の間を通り抜けてしまう光も、コロイドに当たると散乱する

液中のコロイド粒子

コロイドより大きい粒子は水に分散せず沈殿する	液中にコロイド粒子が分散している	コロイドより小さい食塩のイオンは水に溶け込んで透明になる

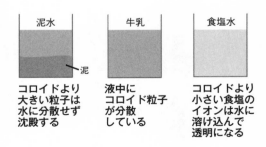

乱した状態でも存在します。身近な例では、牛乳の中には乳脂肪などのコロイドが分散しています。

コロイドよりも小さい粒子が水に溶けると透明になります。たとえば、水に食塩を溶かしても水は透明なままです。

これは、食塩のイオンがバラバラになって溶けているからで、そのイオンが小さいために光を透過させるのです。

また、コロイドより大きな粒子は水に入れても透明にはなりません。たとえば泥水などがそうです。しばらく時間をおくと、泥は下に沈殿し、水と分離します。

光の道には、たくさんのコロイドが浮遊しており、そのコロイドに当たった光が散乱して、明るい光の道が見えるのです。

3章　発見の連続に興味津々「街中の不思議」

物理 宇宙は真っ暗なのに、なぜ空は青いのか

空は何色でしょうか？　この答えに大半の人は「青色」と答えると思います。ところが、空から射してくる日の光は透明で色がなく、また、宇宙は真っ暗です。それなのに、なぜ空は青く見えるのでしょうか。

まず、そもそもなぜ、赤や黄、紫など色が違って見えるのかを考えていきましょう。それぞれの色は「光の波長」が異なります。赤い色に近づくほど波長が長く、紫に近づくほど波長は短くなるため、さまざま色に見えるのです。

そして、日の光は透明に見えますが、実はいろいろな色が含まれています。赤、橙、黄、緑、青、藍、紫など、いわゆる「虹の七色」ですね。そのほか、私たちには見えない赤外線や紫外線も地上に降り注いでいます。

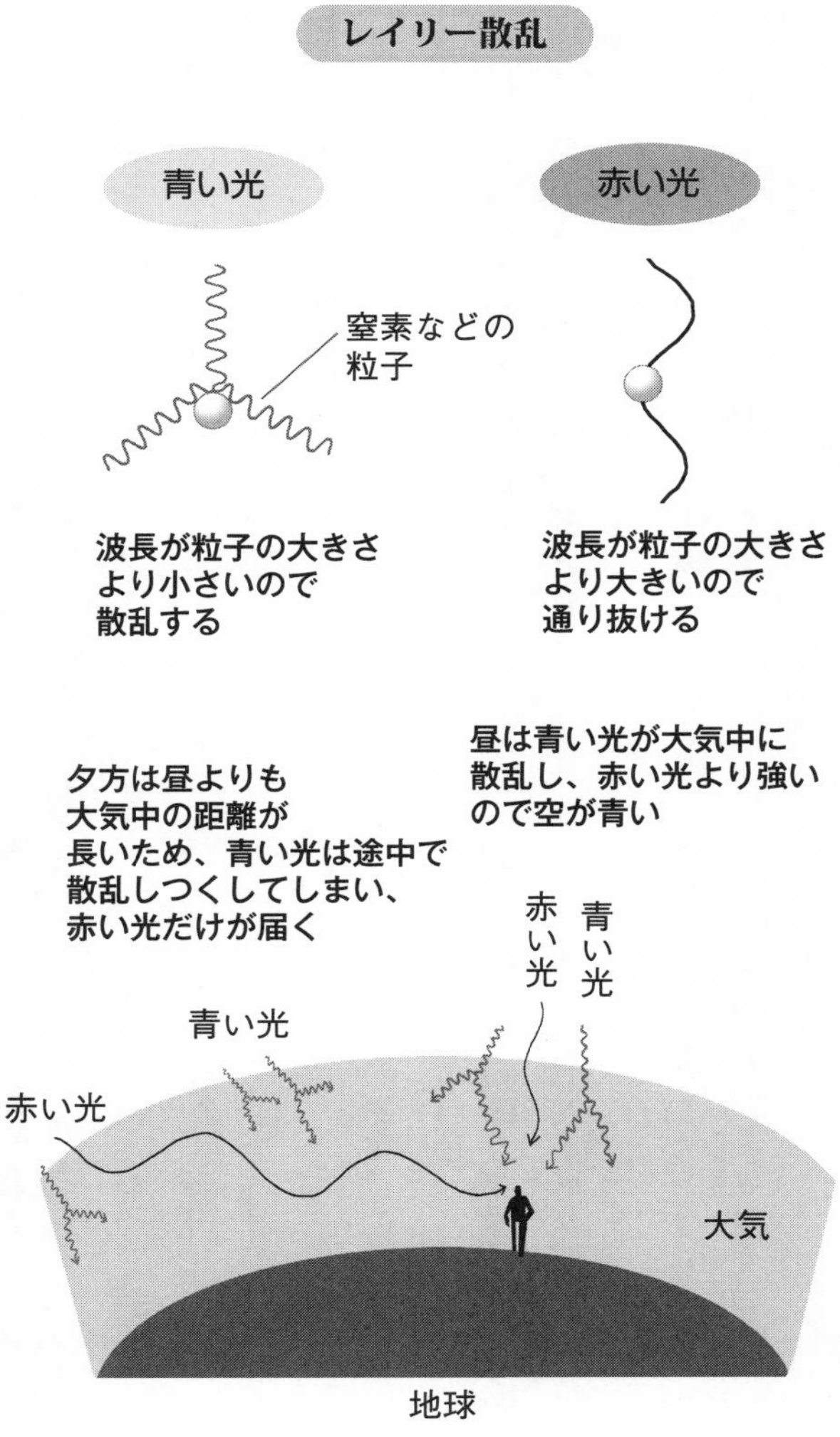
レイリー散乱
青い光
赤い光
窒素などの
粒子
波長が粒子の大きさ
より小さいので
散乱する
波長が粒子の大きさ
より大きいので
通り抜ける
昼は青い光が大気中に
散乱し、赤い光より強い
ので空が青い
夕方は昼よりも
大気中の距離が
長いため、青い光は途中で
散乱しつくしてしまい、
赤い光だけが届く
赤い光
青い光
青い光
赤い光
大気
地球

それにもかかわらず、なぜ、空は青色だけなのでしょうか。

大気中には窒素、酸素などの粒子が飛びまわっています。光のうち、青い光は、これらの粒子の大きさより波長が短いのです。そのため、青い光が粒子に当たると、パッと花火のように散乱してしまいます。

それによって青色がいっぱいに散らばるので、空は青く見えるのです。これを「レイリー散乱」と呼びます。

青色より波長の短い紫色も散乱していますが、人間の目には青のほうが強くうつるのです。青色より波長の長い色は、粒子があっても、そのまま通り抜けてしまいます。

また、夕焼けが赤いのは、天頂を見るときより、光の通る空気の層が長くなるためです。波長の短い青色は途中で散乱してしまって私たちの目には届かず、波長の長い赤い色が届いてくるのです。

物理　あなたもできる！　雲を消す超能力

かつてテレビ番組で、超能力を使って雲を消す人が登場しました。雲に向かって手をかかげ、念力をこめると、本当に雲が消えたではありませんか。なぜ、こんなことができるのか。そのカラクリを物理で解き明かしましょう。

それを検証する前に、雲とはどういうものか考えてみます。

雲の正体は「水滴」「氷の粒」などです。その元になっているのは「水蒸気」。水蒸気は空気より軽いのでどんどん上昇していきます。すると「断熱膨張」（体積がふくらむと温度が下がる現象）で、温度が低くなります。水蒸気が不安定な状態になるため、水滴ができやすくなります。これが雲の正体です。

ひと口に雲といっても、さまざまな種類があります。

「積雲」は、晴れた日にふわふわと浮いて流れる綿のような雲です。この雲は、日光によ

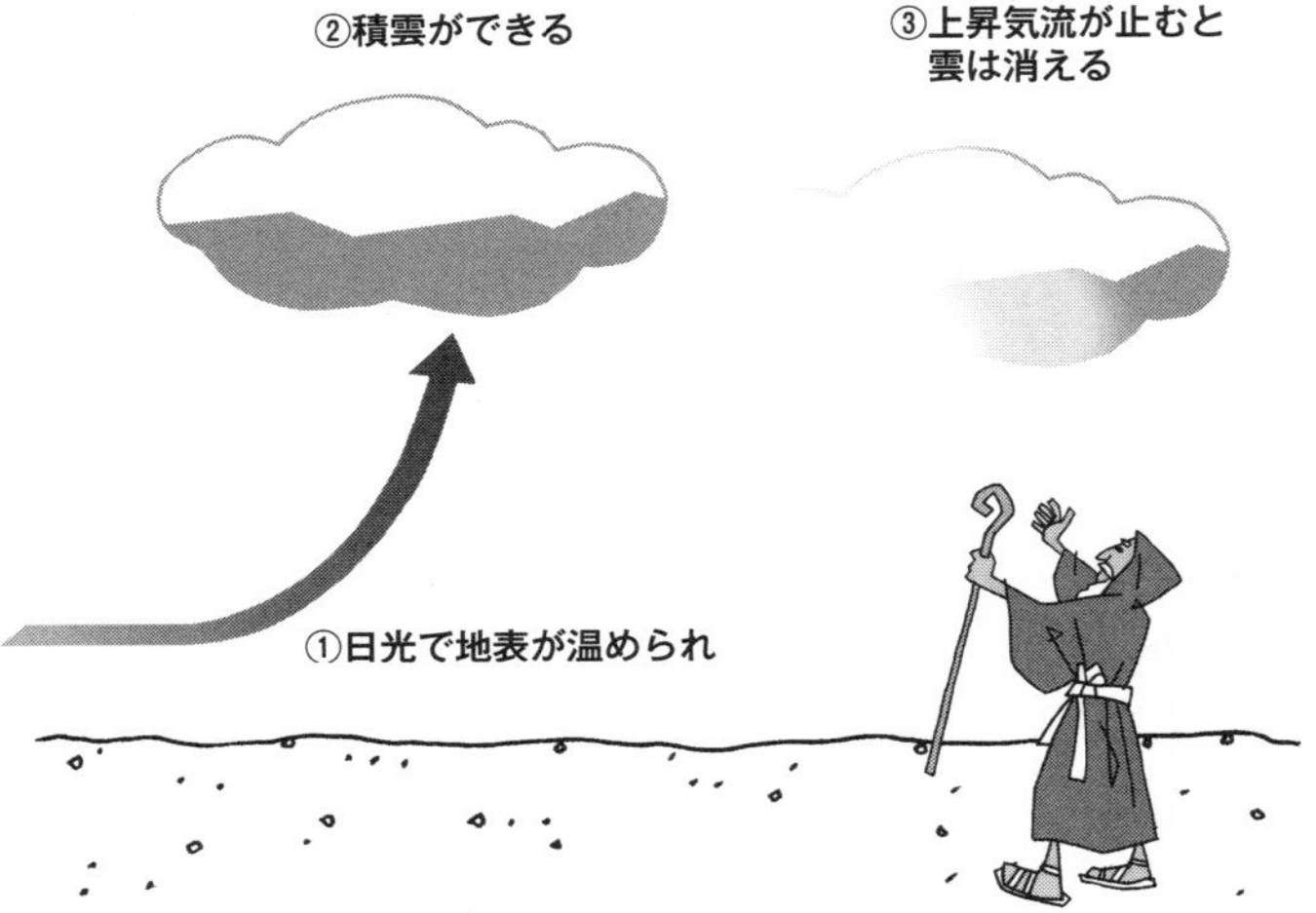
②積雲ができる
③上昇気流が止むと
雲は消える
①日光で地表が温められ

って地表や水上の空気が温められ、上昇気流が生じてできる雲です。地上、500から2000mの間の比較的低い場所にできます。

この雲は、長続きせず、発生、消滅を繰り返すのが特徴です。それは積雲をよく観察していると見ることができます。とくに小さくて薄い積雲はよく消えます。

慣れてくれば、これから消えそうな雲を見分けることができるようになります。タイミングをあわせれば超能力がなくても雲を「消すこと」ができるわけです。

ちなみに、いくら超能力があっても、「積乱雲」のように大きな雲は消すことができないでしょう。

化学　「光が当たっただけでキレイになる」夢のような壁、実在します

「光触媒」という言葉を聞いたことはないでしょうか。

壁に光触媒が使われていると、掃除をしなくても、光が当たるだけでキレイになるというのです。まさに夢のような物質です。


光触媒として使われるものに「酸化チタン」があります。

触媒というのは、モノとモノとの化学反応を促す性質をもつ物質のことです。

たとえば、窒素と水素からアンモニアをつくる場合、室温では、反応がたいへん遅い。

しかし、酸化鉄を触媒として用いると、速やかに反応させることができます。

光触媒は、光を当てることによって触媒の役割をする物質なのです。代表的な光触媒である酸化チタンは、紫外線が当たると空気の中の酸素を「活性酸素」にする働きをします。

光触媒の働き

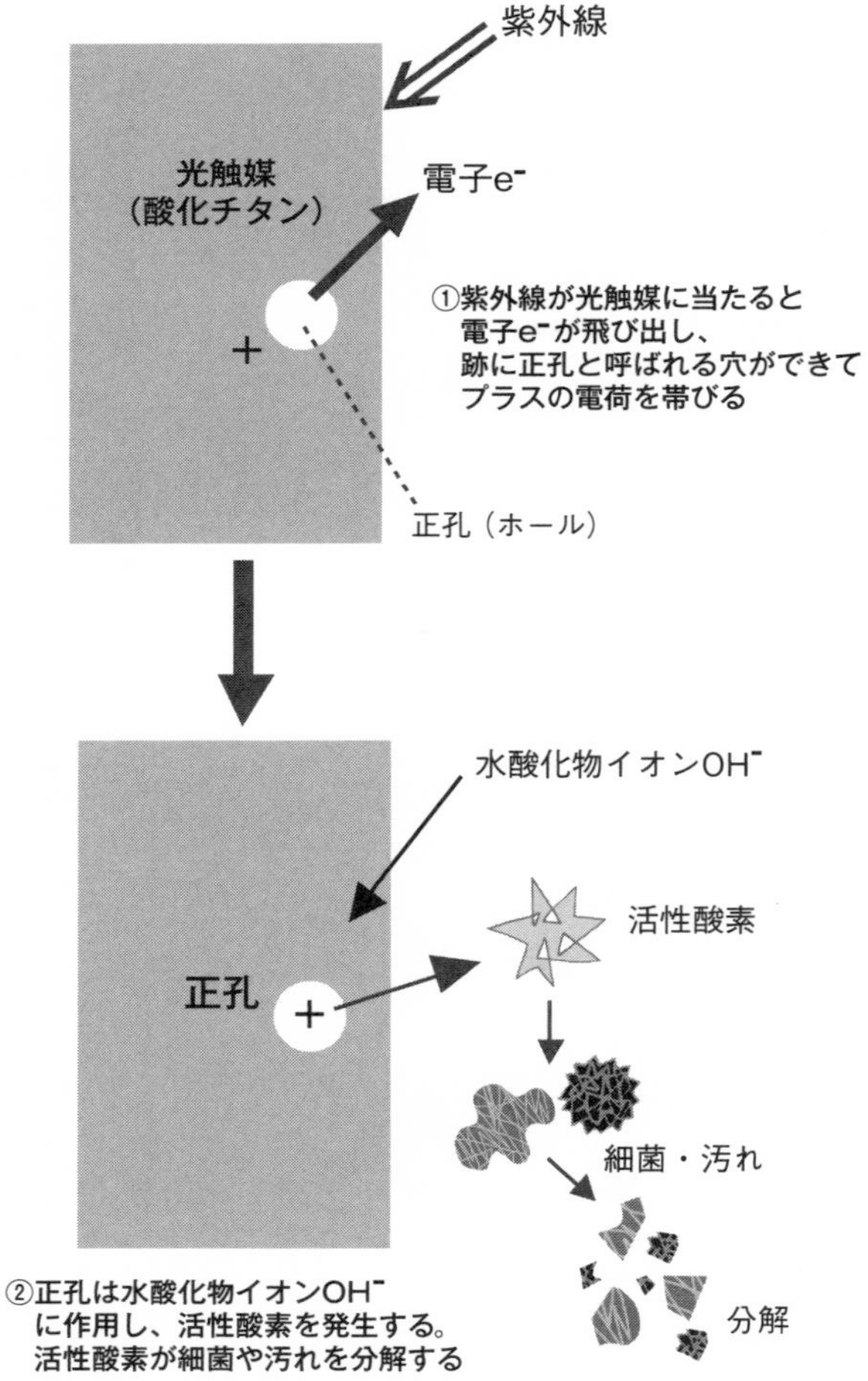
紫外線
光触媒
（酸化チタン）
電子e⁻
①紫外線が光触媒に当たると
電子e⁻が飛び出し、
跡に正孔と呼ばれる穴ができて
プラスの電荷を帯びる
正孔（ホール）
水酸化物イオンOH⁻
活性酸素
正孔
細菌・汚れ
分解
②正孔は水酸化物イオンOH⁻
に作用し、活性酸素を発生する。
活性酸素が細菌や汚れを分解する

さて、活性酸素は体の中では悪さをする物質として知られています。しかし、活性酸素は私たちの生活の中では、とても役立ってくれることがあります。というのも活性酸素はとても大きなパワーをもっているからです。

実はひと口に活性酸素といってもさまざまな種類があります。

その1つが「スーパーオキシドラジカル」です。この活性酸素のパワーでバイ菌を殺したり、汚れを分解したりすることができます。

また、酸化チタンは水とよく反応し、親水性を強くする性質があります。そのため、汚れがついても、表面に水の層ができているので、汚れを落としやすくなっています。雨が降るだけでも汚れが落ちるのです。

光触媒が使用されたものは、今後増えていく見通しですが、２０２１年6月現在、住宅の壁やカーテンなどに使われています。

物理　よく聞く「フェーン現象」って、実際どんな現象？

近年、夏の暑さが、どんどんひどくなってきているような気がします。

２００７年８月16日には、埼玉県の熊谷市と岐阜県の多治見市で気温が40・９℃に達し、国内の観測史上、最高気温となりました。それまで国内の最高気温は70年以上も破られたことはありませんでした。さらに最近では、２０２０年８月17日に静岡県浜松市で41・１℃と、最高気温を次々に塗り替えています。

このような猛暑の原因の1つに、「フェーン現象」が考えられています。天気予報などで、一度は聞いたことがあると思いますが、実際に、どんな現象なのでしょうか。

結論からいいますと、フェーン現象とは、湿り気のある空気が山を通り越して、乾いた高温の空気になる現象をいいます。

なぜ、フェーン現象が起こるのかについては諸説ありますが、代表的な説を紹介します。

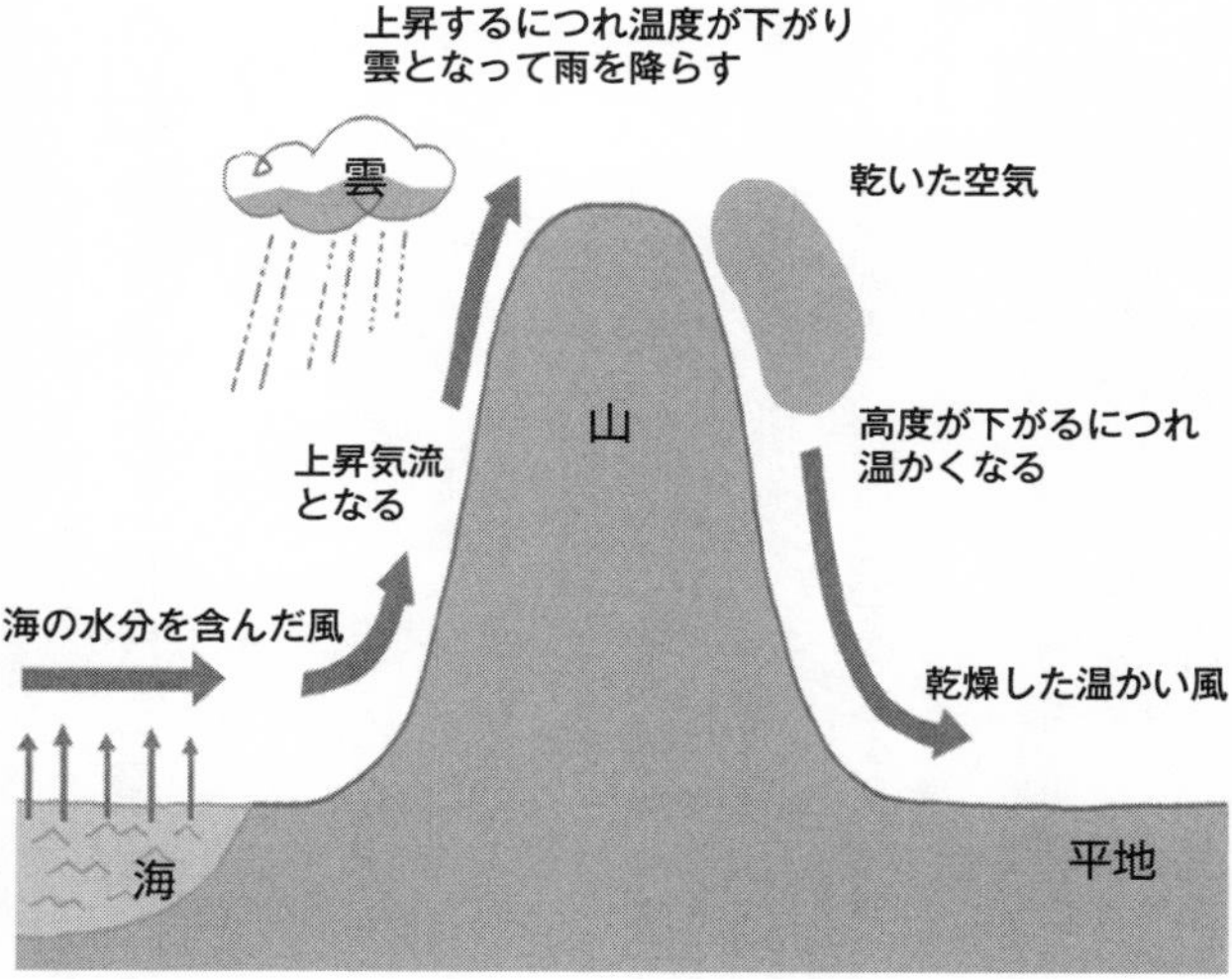
上昇するにつれ温度が下がり
雲となって雨を降らす
雲
乾いた空気
山
高度が下がるにつれ
温かくなる
上昇気流
となる
海の水分を含んだ風
乾燥した温かい風
海
平地

たとえば、日本海側から、海の水分をたっぷり含んだ風が上陸します。すると間もなく、山岳地帯に突き当たります。そこで風は山に沿って上昇気流となります。

高度が高くなるにつれ、空気の温度は低くなっていきます。すると、空気中の水分で雲をつくり、雨になります。

その結果、空気が山頂に達するころにはほとんどの水分を失っています。こうして乾いた空気は山を越えて反対側の斜面を下りてきます。

下りでは高度が低くなると温度が上がってきます。結果、山のふもとには、乾燥した温かい風がもたらされることになるのです。これがフェーン現象による猛暑の原因です。

化学 ややこしい「摂氏」「華氏」「絶対温度」、日本はどれ？

「摂氏」の定義をすると、1気圧のもとで、水の凝固点を0℃、沸騰する温度を100℃とし、それを100等分した単位です。スウェーデン人のアンデルス・セルシウスによって考案されました。わかりやすい単位なので世界の多くの国が採用しています。日本でふつうに使われている温度の単位はこの摂氏です。

一方、アメリカの一部などでいまでも使われている「華氏温度」は、ドイツの物理学者ガブリエル・ファーレンハイトによって考案されたものです。華氏では、水の融点を華氏32度（℉）とし、沸点を華氏212度としています。

化学の世界では、よく「絶対温度」が使われます。

絶対温度で零度（「絶対零度」）とは、すべての物質の動きが止まってしまう温度です（実際は完全に動きが止まるわけではありませんが）。逆に、温度が高くなるほうには制限

なぜ絶対零度は－273.15℃なのか

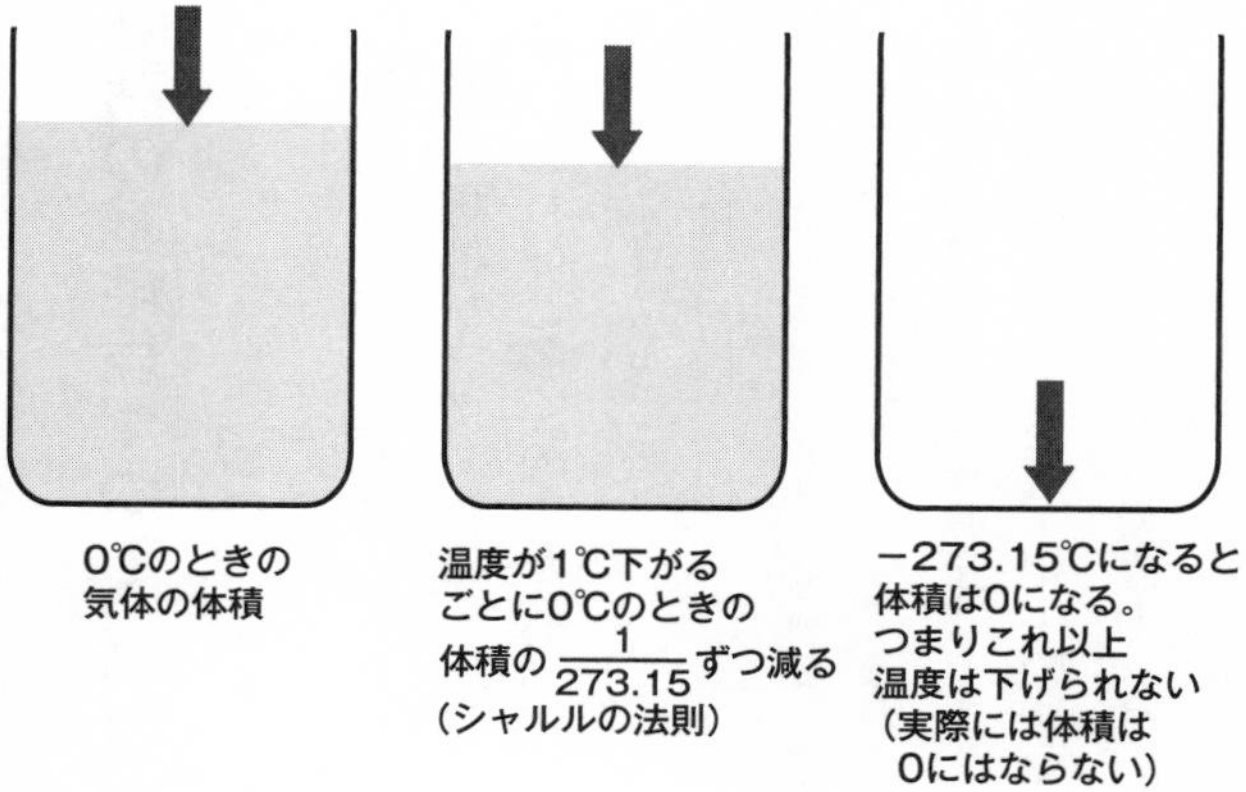
0℃のときの
気体の体積
温度が1℃下がる
ごとに0℃のときの
体積の $\frac{1}{273.15}$ ずつ減る
（シャルルの法則）
－273.15℃になると
体積は0になる。
つまりこれ以上
温度は下げられない
（実際には体積は
0にはならない）

はありません。イギリスの物理学者ケルビン卿（ウィリアム・トムソン）によって提唱された単位です。

絶対温度でいうと、摂氏の０℃は２７３・１５度です。逆に摂氏温度でいうと、絶対温度０度は摂氏マイナス２７３・１５℃ということになります。

金属は絶対零度に近くなると、電気抵抗がなくなることが知られています。いわゆる「超伝導」です。

絶対零度よりかなり高温でも超伝導を示す金属も発見されてきて、実用化を目指しています。

物理 電話の基地局1つで、多数のスマホが通話できる謎

いまや私たちの生活に欠かせなくなったスマホ。「高性能カメラ機能」「ネット通話」、さらに「お財布機能」まで、信じられないほど便利な道具になりました。

ところで、これほど多くの人がスマホを使っているにもかかわらず、他の人の通話が聴こえるなど、混線しないのでしょうか。

電話をかけると、まず、いちばん近くの無線基地局に電波が送られます。無線基地局はビルの上などに設置されています。これらの無線基地局でとらえられた電波は、無線基地局同士を結ぶ交換局に伝えられます。

すると、移動通信制御局で、相手のスマホがどこにあるか探し出し、いちばん近い無線基地局から相手のスマホにつながります。

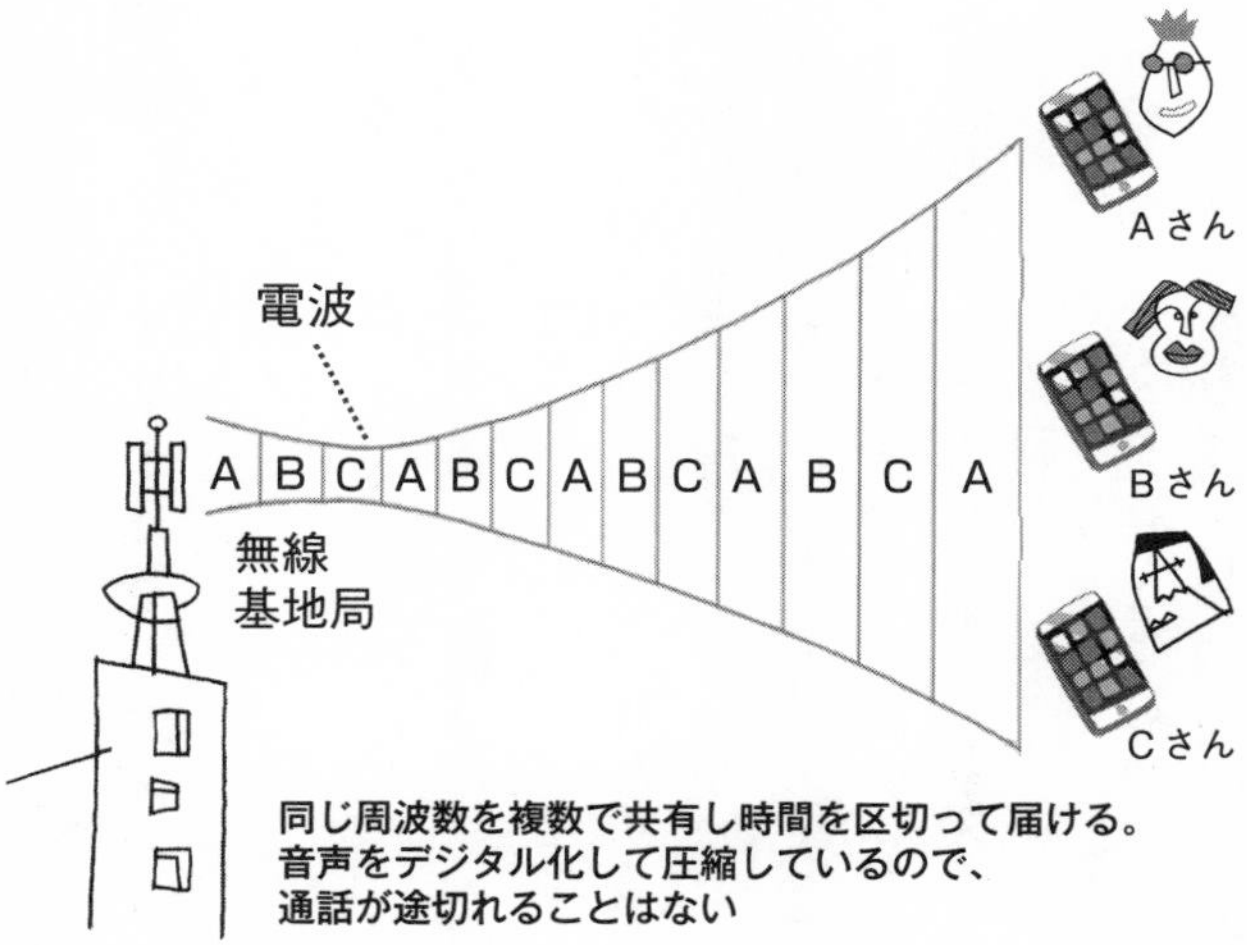
電波
A B C A B C A B C A B C A
無線
基地局
Aさん
Bさん
Cさん
同じ周波数を複数で共有し時間を区切って届ける。
音声をデジタル化して圧縮しているので、
通話が途切れることはない

さて、スマホで使える電波は、それぞれの通信事業者に割り当てられています。しかし、これだけ利用者がいるのですから、利用者一人ひとりに違う電波を割り当てることはできません。

そこで考えられたのが、同じ電波を何人かで共有する方法。

たとえば、電波を共有しているのが３人だったら、時間を３分割して、Ａさんの次はＢさん、Ｂさんの次はＣさんというように時間を細かく刻んで電波を送るのです。

そしたら、通話が途切れるのでは？　と思うかもしれませんが、切り替えの時間が速いので、利用者は音声が途切れず連続的に聞こえる、というわけです。

化学 ペットボトルをリサイクルすると、なぜ、衣服になる？

石油は、燃料となるばかりではなく、プラスチックなどの化学製品の原料にもなります。プラスチックを材料にした製品は、いまや日常生活にあふれています。プラスチック製品のない生活など考えられないほどです。

プラスチックは、軽くて、長持ちするので、さまざまな用途に使われます。しかし、丈夫で長持ちすることがいいことばかりとはいえません。不必要となったプラスチックは、容易には分解しないので、ごみになると燃やすしかありません。

そこで、いらなくなったプラスチック製品の再利用法が考えられていますが、なかなか有効に再利用しにくいのです。プラスチックには、いろいろな種類があるからです。

プラスチックを再利用する方法は大まかに2つあります。

1つ目は、高温で溶かして、別の製品の材料にすること。回収されたペットボトルは主

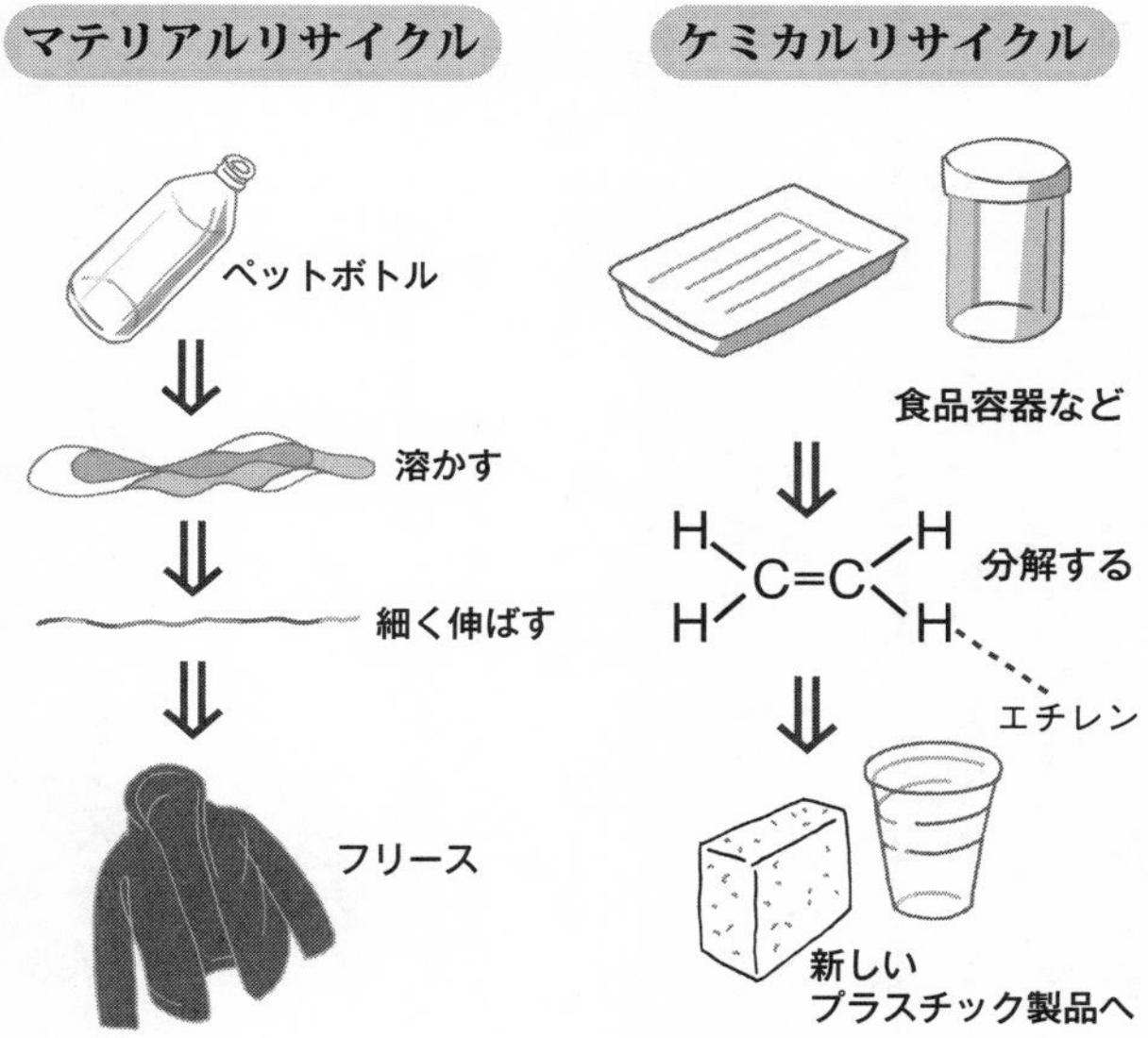

マテリアルリサイクル
ペットボトル
溶かす
細く伸ばす
フリース
ケミカルリサイクル
食品容器など
分解する
エチレン
新しいプラスチック製品へ

に、この方法で利用されています。代表的なのが衣料のフリースなどです。

2つ目は、化学的な処理によってプラスチックを分子（モノマー）にまで分解し、再びプラスチック製品にする方法です。

しかし、現実にはプラスチックごみの回収に限度があるのが現状で、採算性も高くありません。

自治体によっては、プラスチック製品を燃えるごみとして扱い、燃やしているところもあります。プラスチックは燃料としても有用なのです。

化学 自然に分解されるプラスチックがある？

プラスチックは便利な素材ですが、ごみとなったとき腐りにくいのが難点です。たとえば、生ごみは土に埋めておけば微生物などにより分解され土に戻ります。

目に見えないほどのサイズになった「マイクロプラスチック」が動物の体に入り込んだり、魚が誤ってプラスチックを口に入れたりして、問題になっています。プラスチックは全面禁止しかないのでしょうか。

そこで、自然に分解するような素材がないかと考えられたのが「生分解性プラスチック」です。土の中の微生物によって、水と二酸化炭素にまで分解可能なプラスチックです。

生分解性プラスチックには、石油を原料としたものと植物を原料にしたものがあります。植物を原料としたものに「バイオマスプラスチック」があります。たとえば、トウモロコシのデンプンを原料にした「ポリ乳酸」があります。

バイオマスプラスチック

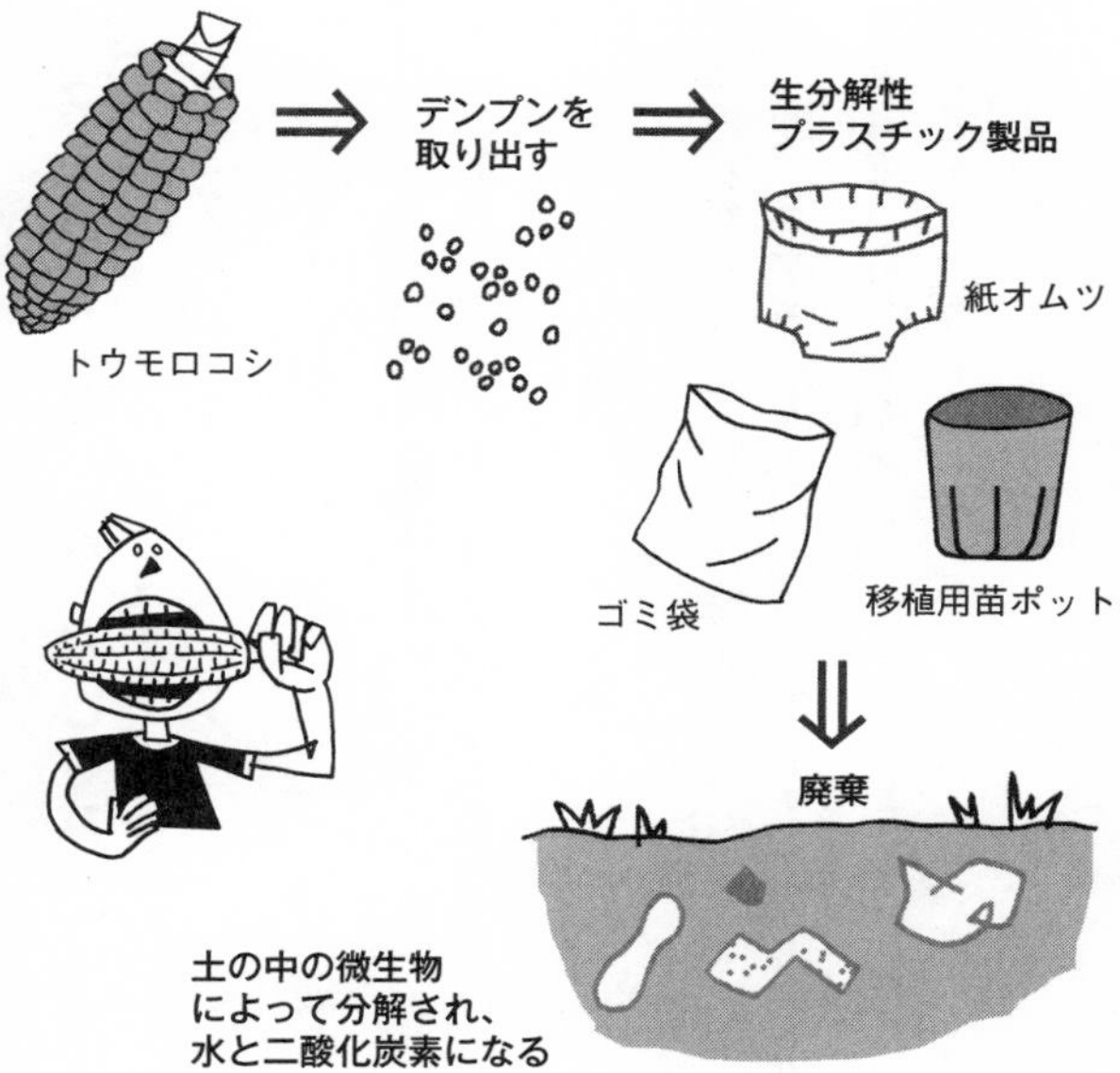
トウモロコシ
デンプンを
取り出す
生分解性
プラスチック製品
紙オムツ
ゴミ袋
移植用苗ポット
廃棄
土の中の微生物
によって分解され、
水と二酸化炭素になる

このほかにさまざまな生分解性プラスチックが開発されていますが、課題はまだ残っています。

まずは製造コストの問題です。さらに原料のトウモロコシなどの入手が困難になってきたことです。

また、生分解性プラスチックのごみは、土の中に入れて分解させることが基本ですが、そのために他のプラスチックと分別されなければなりません。

物理

物理で解明・「鳴き砂」のしくみと、いま失われつつある理由

鳴き砂を聴いたことはあるでしょうか。ある地域の砂浜で、砂を踏むと、「キュウッ、キュウッ」という音がするのです。

どのようにして音が鳴るのでしょうか。また、鳴き砂の地域が限定されているのはなぜでしょうか。

それは、鳴き砂の砂に答えがありました。浜辺の砂のほとんどは石英《セキエイ》でできています。石英の粒は、硬くて摩擦が大きいのが特徴です。この石英の砂を強く押すと、「スティック・スリップ現象」と呼ばれる現象が起きます。

これはモノとモノとがこすれるとき、摩擦によって、すべっては止まり、すべっては止まりを繰り返す運動のことです。

スティック・スリップ現象

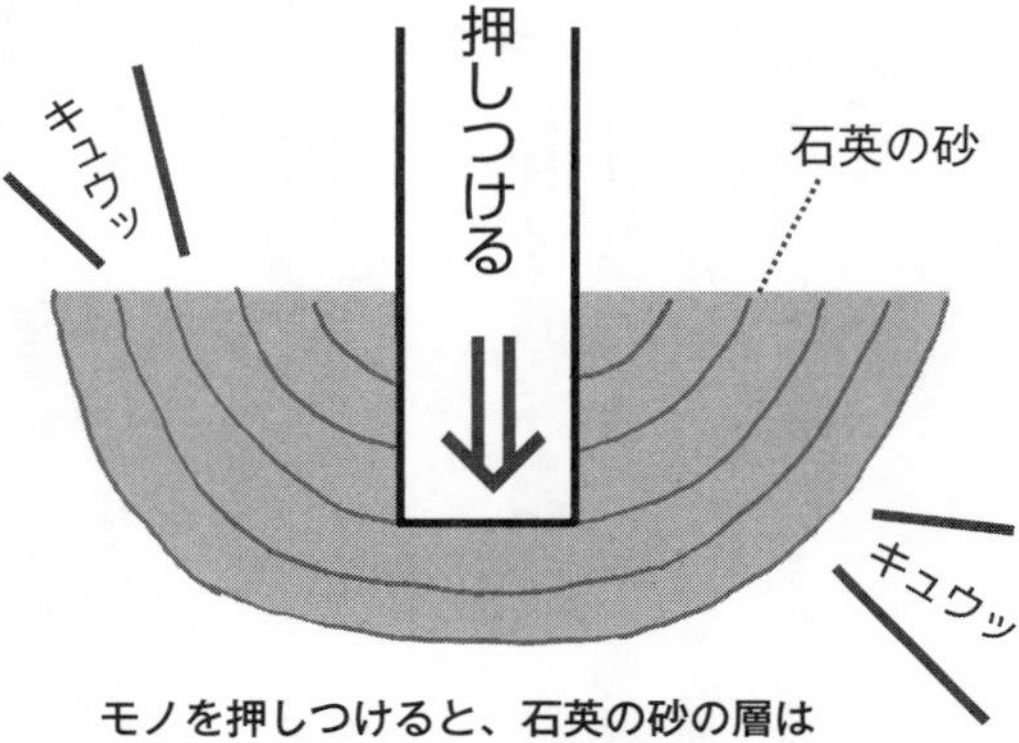
押しつける
キュウッ
石英の砂
キュウッ

モノを押しつけると、石英の砂の層は
すべっては止まりすべっては止まりする。
その振動で音が鳴る

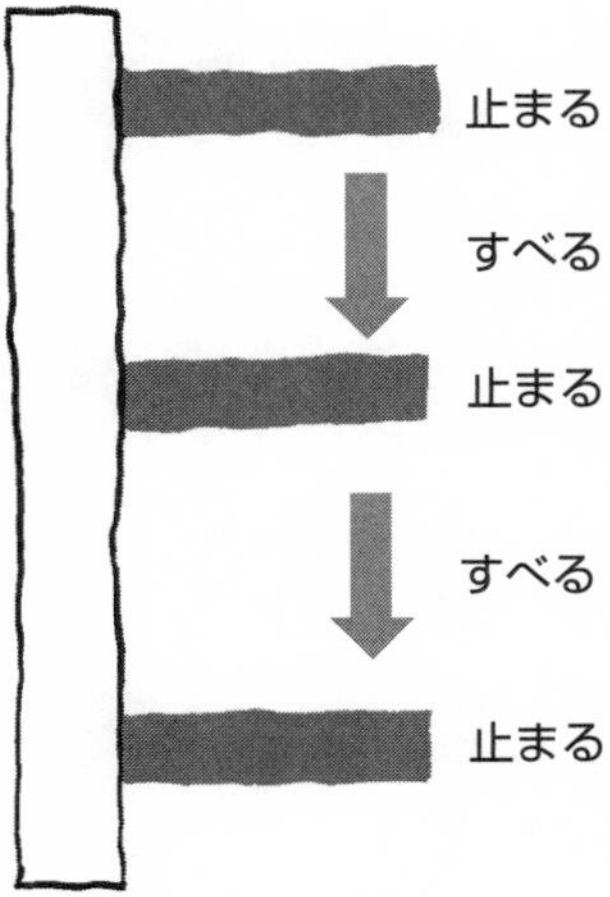
止まる
すべる
止まる
すべる
止まる

キュウッ

鳴き砂が鳴くのも、このメカニズムが働いていることを、同志社大学名誉教授だった故三輪茂雄先生らが発見しました。石英からなる砂の層を踏むことによって、砂の層が、細かくすべっては止まり、すべっては止まりを繰り返します。そこから発生する振動によって音がするのです。

ただし、石英の砂粒の中にわずかでも汚れが混じっていると、鳴かなくなってしまいます。かつて日本の浜辺の多くは鳴き砂の浜だったといいますが、環境悪化のために減ってしまいました。

そこで、財団法人日本ナショナルトラストでは、平成7年より全国の鳴き砂の保全活動をしている団体に呼びかけ、「全国鳴砂ネットワーク」を組織。自然・文化遺産である鳴き砂を後世に伝え残すことを目的に活動しています。

鳴き砂の海岸を訪れる際には、物理を身近に感じつつ、保全活動をされる方々に感謝したいところです。

化学　ウイルスや細菌を退治してくれる「活性酸素」なのに、人には有害？

かつての地球、原始地球の大気中には酸素はなかったと考えられています。状況が変わったのは、「シアノバクテリア」という光合成を行う微生物が誕生してからです。彼らは、二酸化炭素と水を利用し、エネルギーを得ることに成功したのです。

そして、反応の結果、大量の酸素を大気中に放つことになり、やがて、現在の生物のような酸素をエネルギー源にする生物があらわれました。

もちろん、ヒトもその生物のうちの1つです。他の動物と同じように酸素を使ってエネルギー源を得ているのですが、呼吸の過程などで「活性酸素」が発生します。

活性酸素とは、同じ酸素原子でもほかの元素と反応しやすくなった、不安定な原子です。

たとえば、活性酸素には「スーパーオキシド」「ヒドロキシルラジカル」「過酸化水素」「一重項《いちじゅうこう》酸素」があります。

活性酸素の種類

- スーパーオキシド
- ヒドロキシルラジカル
- 過酸化水素
- 一重項酸素

活性酸素を減らすもの
（スカベンジャー）

- ビタミンC（果物、緑黄色野菜）
- ビタミンE（ゴマ、ピーナッツ）
- カロテノイド（緑黄色野菜）
- ポリフェノール（赤ワイン、ブルーベリー）
- カテキン（緑茶）
- 亜鉛（カキ〈貝〉、豚のレバー）
- セレン（イワシの丸干し、小麦胚芽）

あまりに反応性が高いので、脂肪を過酸化物にしてしまったり、タンパク質を変質させたり、細胞の中の遺伝子まで傷つけてしまうこともあるのです。

活性酸素は悪さばかりしているわけではありません。私たちの体の中で有害な細菌やウイルスを退治する働きもしているのです。

ただ、やっかいなことに過剰な活性酸素は、体には有害です。

しかし、活性酸素とあえて反応し、毒性を取り除いてくれるものもあります。それが「ポリフェノール」「ベータカロチン」「リコピン」「各種ビタミン」なのです。

物理 土から水分を吸収する植物、先まで行きわたるのは、なぜ?

水は、生命の源であり、地球上の生物で水がなくて生存できるものはいません。

植物は、水と二酸化炭素を太陽光のエネルギーで反応させ、炭水化物をつくります。いわゆる「光合成」です。

動物は、炭水化物をエネルギー源として取り入れます。地球上の食物連鎖をになっているのは、元をたどると水に行きつきます。

さて、植物は根から水分を吸い上げています。どのようにしているのでしょうか?

これはかんたんな実験でわかります。

ビーカーに水を入れ、細長いガラス管を入れると、ビーカーの水の表面より高く水が入ってきます。いわゆる「毛細管現象」です。

水には、モノの表面にくっつこうとする性質があります。これを「液体の付着力」といいます。毛細管現象は、もっともわかりやすい付着力です。

毛細管現象は、細い管ほど強く働きます。植物は、全体に細い管（導管）を張りめぐらし、毛細管現象を利用して水を吸い上げているのです。

しかし、毛細管現象でも上がる高さには限度があります。重力などの力も働くからです。では、小さな植物はともかく、何mもあるような大木は、どうやって水を上まで吸い上げているのでしょうか。毛細管現象だけで吸い上げられるものなのでしょうか。

これについては、毛細管現象以外のしくみもあるでしょう。

たとえば、植物の葉には「気孔」という穴があいていて、内部の水を蒸発させています。この蒸発による気圧の変化で、上から水を引き上げているともいわれています。

毛細管現象

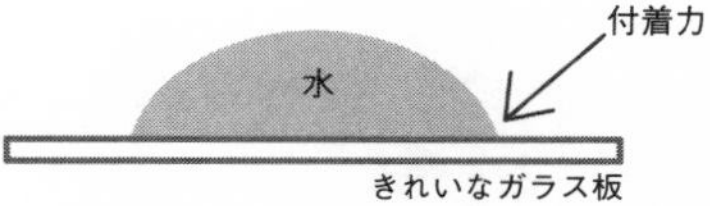
付着力
水
きれいなガラス板

ガラスは水の付着力によって濡れる

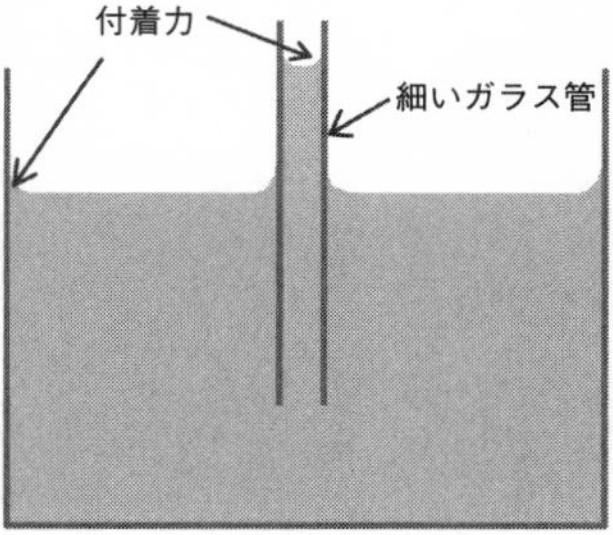
付着力
細いガラス管

毛細管現象

ガラス管の内壁に水の付着力が働いてせり上がる。管の中の水位が上がっていくのには表面張力も働いている

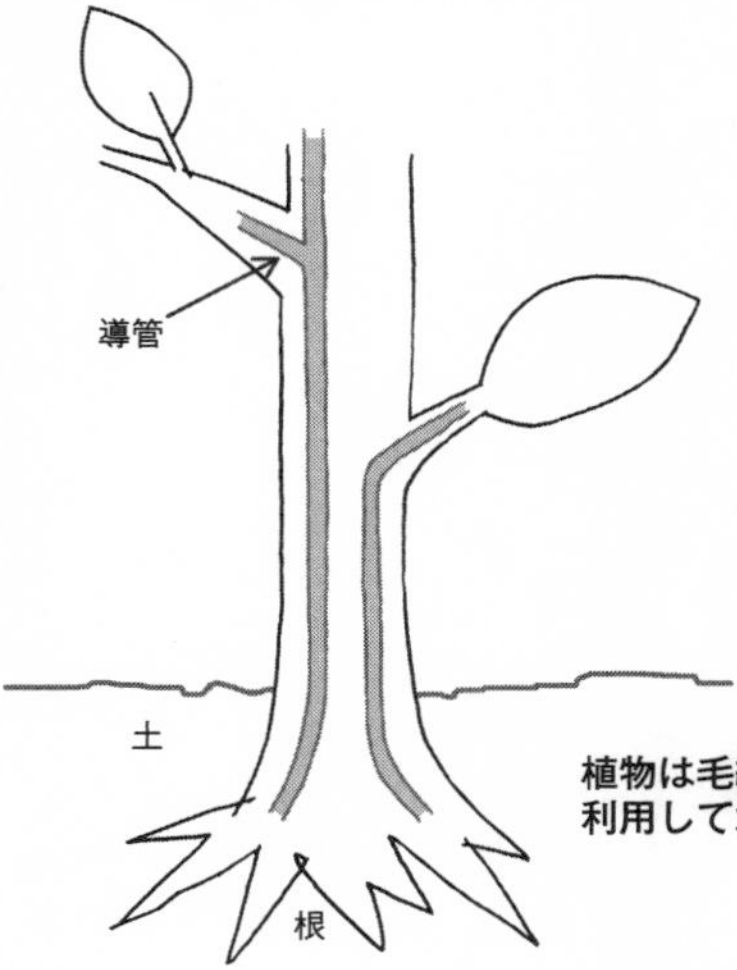
導管
土
根

植物は毛細管現象を利用して水を吸い上げる

化学 バラが砕け散る「液体窒素」、手を入れて意外にも大丈夫？

テレビなどで、理科の先生が「液体窒素」を使った実験を見たことありませんか？バラの花を液体窒素に入れると、たちまち凍結して、触れるとガラスのようにバラバラになってしまいます。

また、バナナを液体窒素で凍らせると硬くなり、釘が打てるようになります。ほかにもいろいろなモノを凍らせることができます。

もし、あの中に手を入れたらどうなるのでしょう。考えただけでも恐ろしくありませんか？

「窒素」は、空気の中でもっとも多く含まれている分子で、体積比で約8割を占めています。空気中の窒素分子は安定した分子で、めったにほかの分子と結合することはありません。

液体窒素の実験

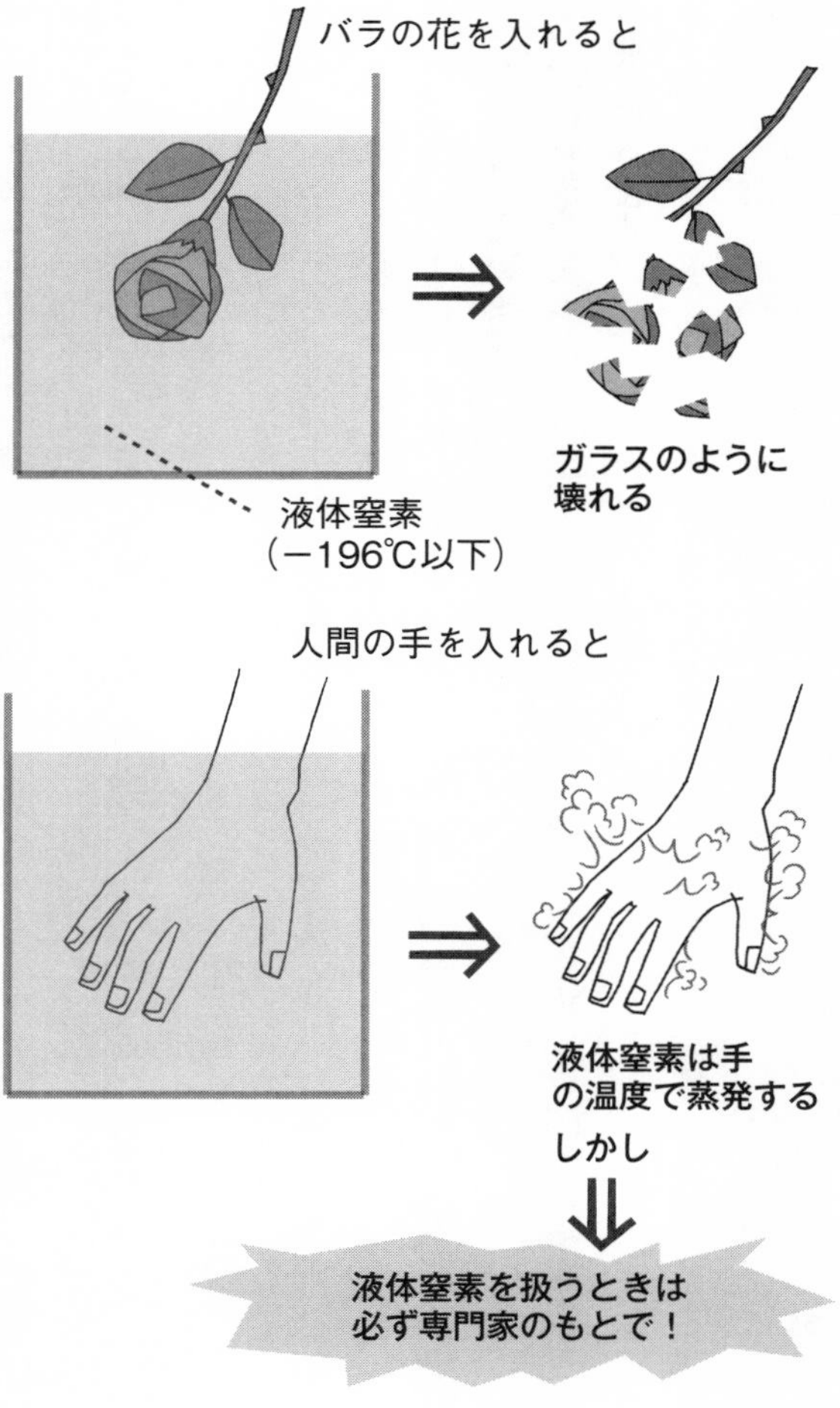
バラの花を入れると
ガラスのように
壊れる
液体窒素
（−196℃以下）
人間の手を入れると
液体窒素は手
の温度で蒸発する
しかし
液体窒素を扱うときは
必ず専門家のもとで！

窒素は、1気圧の中ではマイナス196℃で液体化します。さらに温度を下げていくとマイナス約210℃で固体になります。

さて、もしも液体窒素の中に手を入れたらどうなるでしょうか。バラの花のようにバラバラになってしまうのでしょうか。

意外なことに、少しくらい手を入れてもなんともないのです。

バラの花と人間の手の違いは、体温があることです。マイナス196℃の液体窒素にとって、人間の手はものすごい高温なのです。そのため、指に触れる前に、液体窒素は蒸発して気体になってしまいます。

しかし、液体窒素がまったく安全であるということはなく、必ず、専門家の指導のもとに扱う必要があります。

物理

ＭＲＩ検査って、何をどう計測しているのか

「ＭＲＩ（磁気共鳴画像）」は、脳梗塞などを発見するときに使われる医療機器です。人体を傷つけることなく、体の内部の状態を見ることができます。

ＭＲＩは、「ＣＴ（コンピュータ断層撮影）」と違ってＸ線を使わないので、被ばくの心配がないのが長所です。では、何を使っているのでしょうか。

結論からいうと、ＭＲＩでは、「磁気」を利用しています。磁気によって、体内にある水素の原子核を共鳴させる

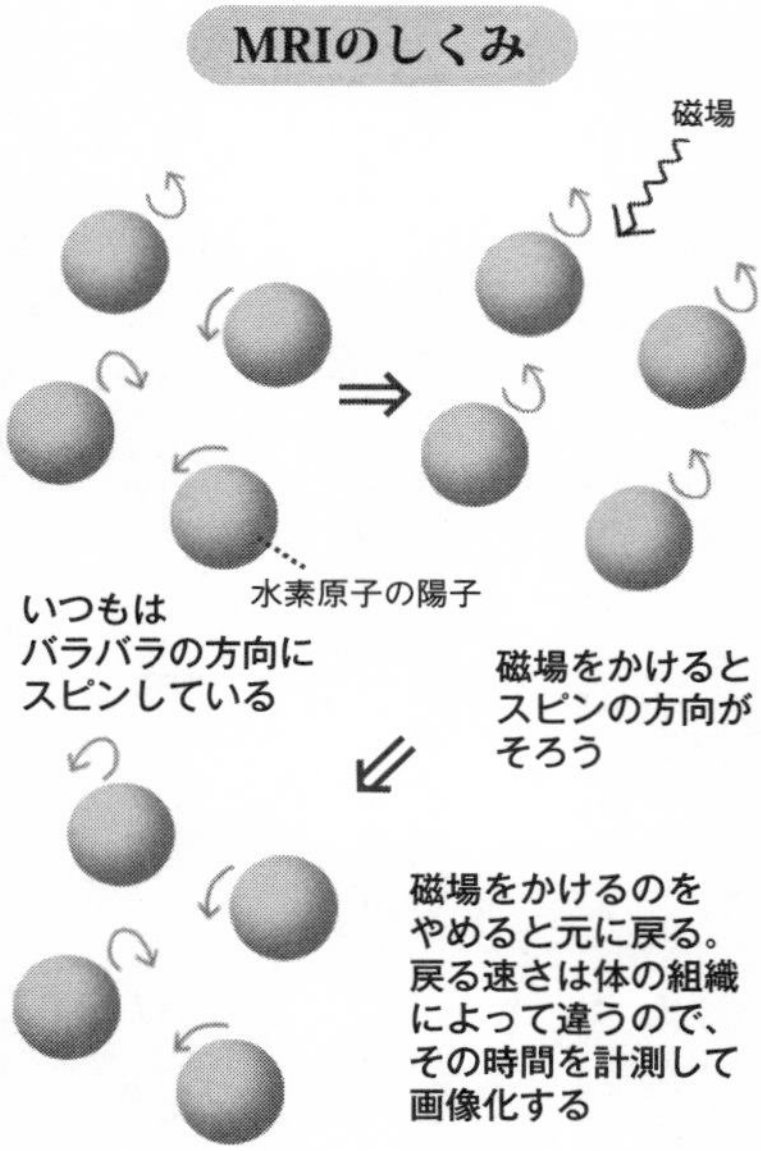
MRIのしくみ
磁場
水素原子の陽子
いつもは
バラバラの方向に
スピンしている
磁場をかけると
スピンの方向が
そろう
磁場をかけるのを
やめると元に戻る。
戻る速さは体の組織
によって違うので、
その時間を計測して
画像化する

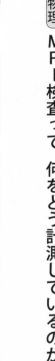

のです。どういうことか、詳しく掘り下げてみましょう。

水素は元素の中でもっともシンプルで、陽子1個と電子1個からできています。通常、原子核は陽子と中性子でできていますが、水素だけは、原子核に中性子をもっていません。陽子はプラスの電荷をもっており、つねにクルクルとスピンしています。

ふだん、陽子は、それぞれバラバラな方向を向いて回転していますが、ところが、これに磁場をかけると、それぞれの陽子のスピンの向きが一方向にそろうのです。

そして、磁場をかけるのをやめると、陽子は元のバラバラの動きに戻ります。

この戻る時間は、体の各組織（水・脂肪・骨など）によって違います。その速さの違いを計測、白黒の画像で表現することで、体内の状態がわかるのです。


一方、「PET（陽電子放射断層撮影）」はがんの検査などに使われます。

ブドウ糖に放射線の目印をつけ、注射します。がん細胞は、正常な細胞よりもブドウ糖を消費します。そのために注射した放射線マークのついたブドウ糖もがん細胞の場所に集まります。その信号をとらえて画像化します。

このようにして今日も、多くの人の体を検査しているわけです。

物理　そもそも時間って、何が基準になっている？

日本は海外に比べると、時間に厳しいといわれます。鉄道は、トラブルがない限り正確に発車時間に発車しますし、テレビ番組も1秒の狂いもなくはじまります。

ところで、この時間の単位、1秒の長さはどのように決められたのでしょうか。

そもそも、時間の概念は1日の長さが大元になっています。地球が自転軸を中心にして1回転するのが1日の長さです。1日は24時間、1時間は60分、1分は60秒です。

このように元は1年の長さから逆算されて1秒の長さは決められました。

しかし、これではいくらなんでも、おおざっぱすぎます。地球の回転はきっかり24時間というわけではないからです。

文明が発展するにつれ、より正確な時間を求められるようになってきました。

昔

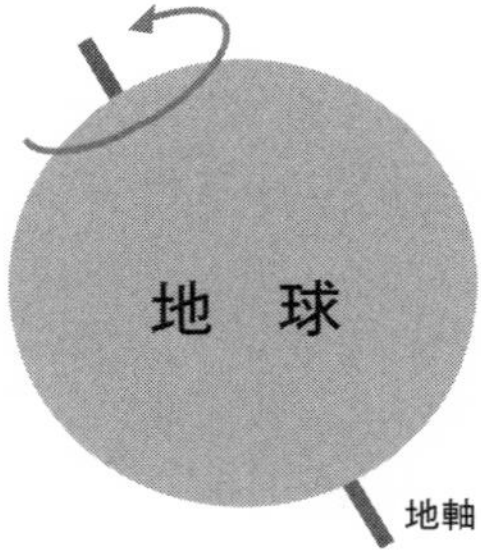

地球の自転を元にして
1秒の長さを逆算した

地球1回転＝1日＝24時間
＝1,440分＝86,400秒

現　在

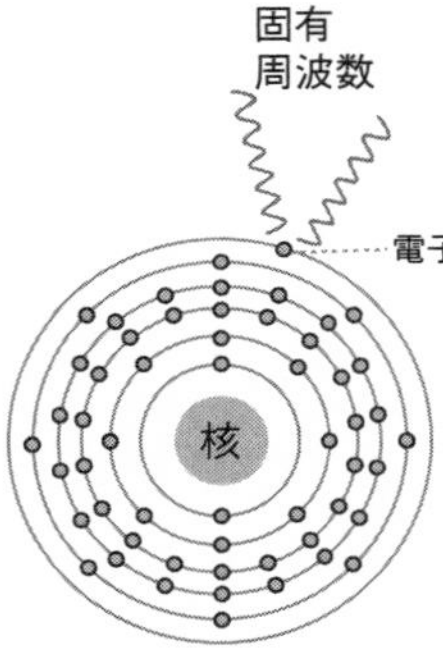

セシウム原子の
固有周波数を元に
1秒を決めている

9,192,631,770周期＝1秒

現在、１秒の長さを決めているのは「原子時計」です。原子時計は、セシウム１３３という金属を利用してつくられています。

できるだけかんたんに説明すると、セシウム原子の固有周波数を元にして１秒間が決められています。

その91億９２６３万１７７０周期を１秒としているのです。気の遠くなるような数字ですね。

しかし、この原子時計でも10万年に１秒くらい狂うといわれています。

それくらいの正確さなら問題はなさそうに思えますが、もっと正確な基準はないか考えられています。

4章　突き止めるとおもしろい「世の中の裏のウラ」

化学 海水は、人間の体液とほぼ同じ成分なのに、飲むとなぜ喉が渇く？

よく、ヒトの祖先は海で生まれたので、海水の成分とヒトの成分は同じである、という話を聞きます。これは本当でしょうか。

まず、海の成分から見てみると、ほとんどの成分は「水」です。96・5％は水が占めています。そして残りはさまざまな「塩分」です。

海水では、塩類はイオンの形で存在します。多い順番から「塩化物イオン」「ナトリウムイオン」「硫酸イオン」「マグネシウムイオン」「カルシウムイオン」「カリウムイオン」「炭酸水素イオン」などです。まあ、海水は、ほぼ食塩水であるといっていいと思います。

ヒトの体液も、海水の成分と大きな違いはありません。もっとも多いのは塩化物とナトリウム、つまり食塩です。ただし、割合を比べると、体液中の食塩は海水の４分の１しかありません。そのほか、海水の成分で食塩の次に多い硫酸イオンは体液の中では少ないよ

海水と体液を比べると

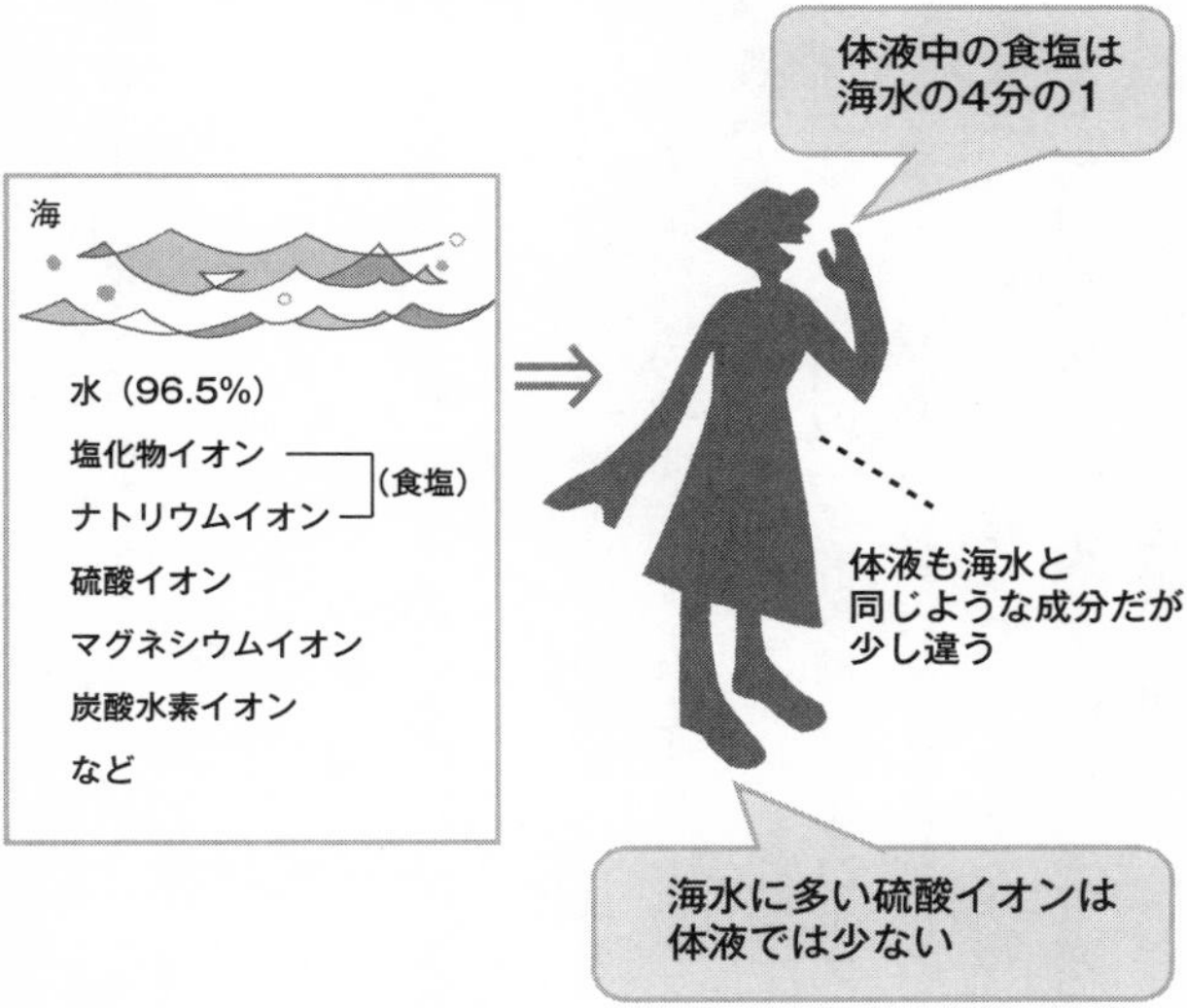
体液中の食塩は
海水の4分の1
海
水（96.5%）
塩化物イオン
ナトリウムイオン
（食塩）
硫酸イオン
マグネシウムイオン
炭酸水素イオン
など
体液も海水と
同じような成分だが
少し違う
海水に多い硫酸イオンは
体液では少ない

うです。

結論をいうと、成分は似ていても組成は大きく異なるということになるでしょう。

そのため、ヒトは喉が渇いても、海水を飲むことができません。もし、海水を飲むと、血液中の塩分濃度が高くなるので、なお、喉が渇くことになるのです。

また、海水魚の体液も海水よりも塩分は少なく、そのため、「浸透《しんとう》圧《あつ》」の関係で、体液が海に流れ出てしまいます。だから、大量に海水を飲んで、エラから塩分を排出しているのです。

化学 ヒトは炭水化物を食べないと、危ない？

「炭水化物」は、タンパク質、脂肪と並んで三大栄養素の1つです。体のエネルギーをつくるのに重要な栄養素です。その炭水化物は、さらに「単糖類」「二糖類」「多糖類」の3種類あります。

デンプンは多糖類の一種です。多糖類の仲間としては植物繊維の「セルロース」もあります。植物繊維が糖の仲間とは意外ですね。ヒトにはセルロースを消化する酵素がないので、栄養素としては使えません。

デンプンは、単糖類の「ブドウ糖（グルコース）」を基本単位としてできた高分子化合物です。グルコースがおよそ数百から数万個結合してできています。

そのままでは体に吸収できないので、「麦芽糖（マルトース）」、ブドウ糖へと分解されます。ブドウ糖は、体のエネルギー源として重要です。とくに脳はブドウ糖を主なエネルギー源としているので十分な量が必要です。

余ったブドウ糖は、グリコーゲンとして肝臓や筋肉に蓄えられます。

ブドウ糖はどのようにしてエネルギー源になるのでしょう。

そのカギを握っているのは細胞の中にある「ミトコンドリア」です。

ブドウ糖は分解されて「ピルビン酸」になり、複雑な化学変化を受けて、水と二酸化炭素、それにエネルギーの元となる「ＡＴＰ（アデノシン三リン酸）」となります。ここまでの過程をミトコンドリアがつかさどっているのです。

単糖類	・グルコース（ブドウ糖） ・フルクトース（果糖） ・ガラクトース
二糖類	・スクロース（しょ糖） ・マルトース（麦芽糖） ・乳糖
多糖類	・デンプン ・セルロース ・グリコーゲン ・グルコマンナン

化学 ノンカフェインコーヒーは、気体、液体、固体でもない状態でできていた？

水は1気圧のもとでなら、100℃に達するとそれ以上温度は上がりません。

しかし、「圧力がま」のように1気圧よりも気圧を上げると、100℃以上に上がります。もしも、それ以上圧力を上げていったらどうなるのでしょうか。

それを人工的につくったのが「超臨界水」です。「臨界」とは、これ以上進むと別のものになってしまうという限度のことです。それを超えてしまうと超臨界となるわけです。

超臨界水は、220気圧、374℃にまで上げると生まれます。水が220気圧、374℃の臨界点を超えると、気体でも液体でも、まして固体でもない状態になるのです。

水だけでなく二酸化炭素でも起こります。「超臨界二酸化炭素」です。これらを「超臨界流体」と呼びます。

この超臨界流体、身近なところに使われていたのです。

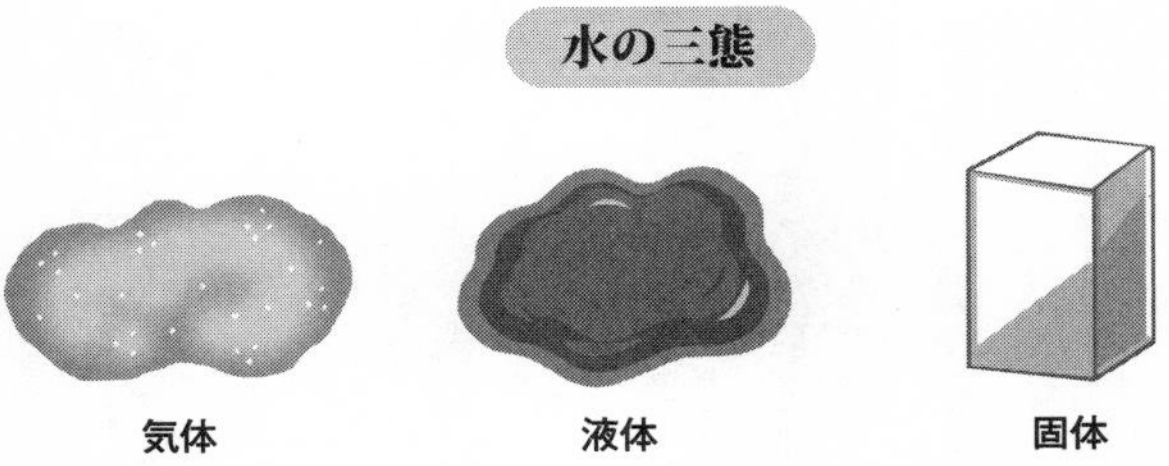
水の三態
気体
液体
固体

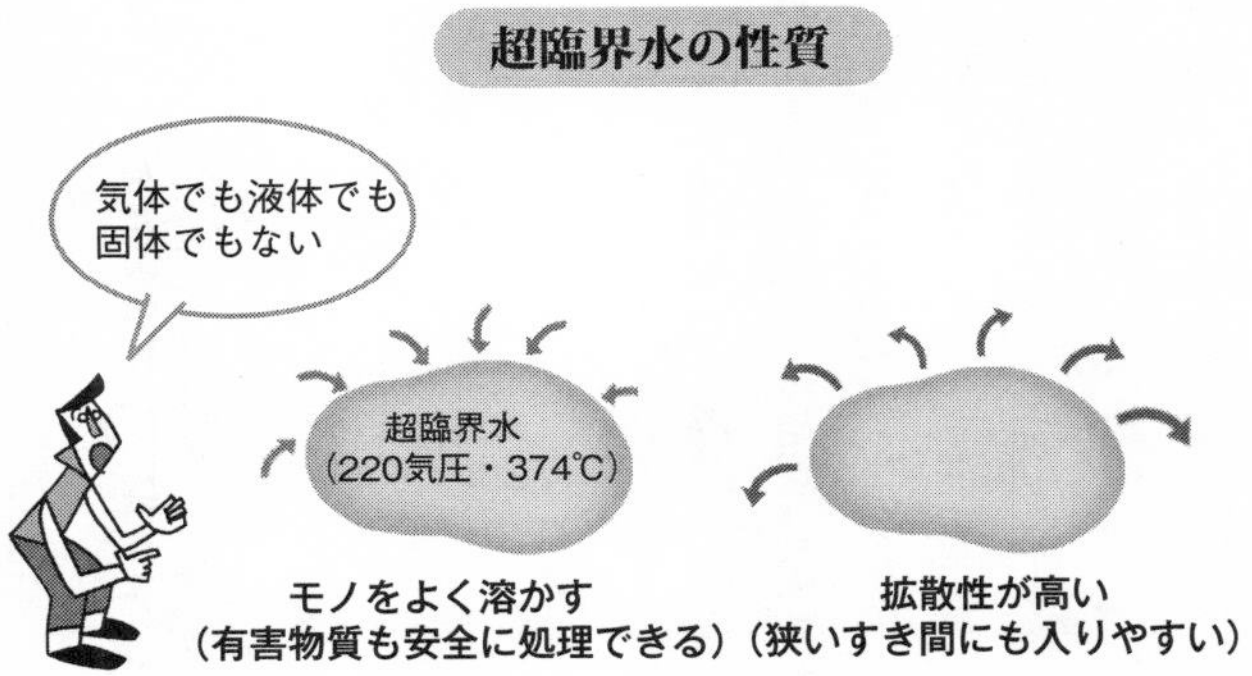
超臨界水の性質
気体でも液体でも固体でもない
超臨界水
（220気圧・374℃）
モノをよく溶かす
（有害物質も安全に処理できる）
拡散性が高い
（狭いすき間にも入りやすい）

たとえば、コーヒーの製造に生かされています。

超臨界流体の性質としては、「温度を一定にして、圧力だけ変えると、状態が変わる」ということがあります。

液体としての性質が強くなったり、気体としての性質が強くなったりします。

超臨界二酸化炭素は、この性質を利用してコーヒー豆からカフェインだけ抜き出すことができます。これによってカフェインレス（デカフェ）がつくられているのです。

化学 鉄はさびても温かくないのに、どうして携帯カイロは温かい？

携帯カイロには、衣服にくっつけられるタイプから、ピンポイントで温めるミニカイロまで、さまざまな種類があります。包装用のフィルムから出すだけで温まりはじめます。

さて、この携帯カイロ、どのようなしくみになっているのでしょうか。

そもそもモノを燃やすと温かいのは、燃料が酸素と結びついて酸化するときに、反応熱を放出するからです。携帯カイロの中には、鉄の粉が入っています。鉄は、外気にさらされていると、さびついてきます。このさびの正体は酸化鉄です。鉄が空気に触れて「酸化」すると熱が発生します。

しかし、鉄製品がさびていても、別に温かさは感じませんよね。それはゆっくり酸化しているので、わずかずつしか発熱しないからです。

携帯カイロは温かさを感じられるように、鉄粉の酸化を速くする工夫があったのです。

携帯カイロのしくみ

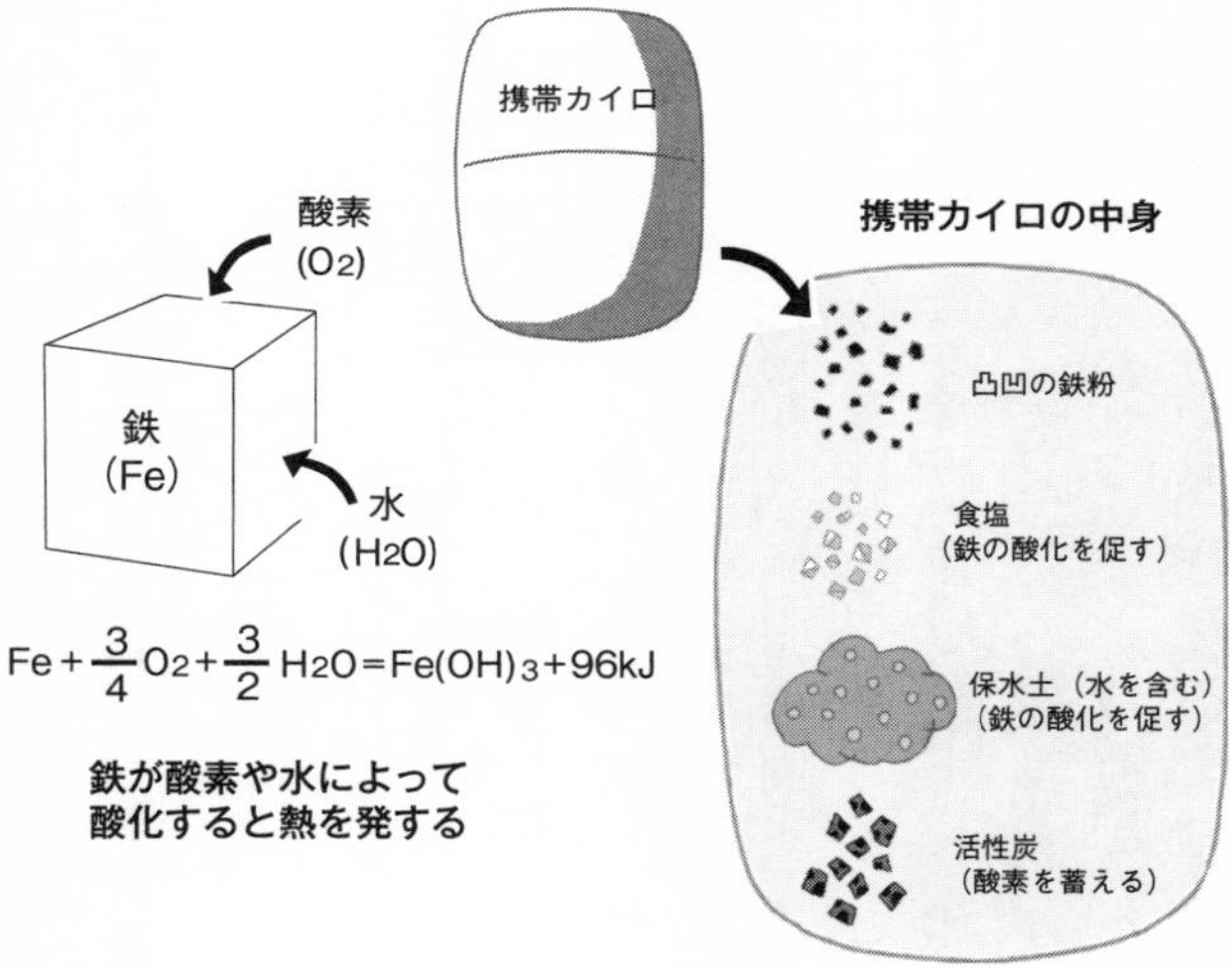
携帯カイロ
携帯カイロの中身
酸素
(O_2)
鉄
(Fe)
水
(H_2O)
$Fe+\frac{3}{4}O_2+\frac{3}{2}H_2O=Fe(OH)_3+96kJ$
鉄が酸素や水によって
酸化すると熱を発する
凸凹の鉄粉
食塩
（鉄の酸化を促す）
保水土（水を含む）
（鉄の酸化を促す）
活性炭
（酸素を蓄える）

まず、携帯カイロに使われている鉄粉は、多くの酸素と結びつくようにでこぼこをつけて表面積を大きくしています。

次に、食塩、水（酸化を促す保水土）など、鉄の酸化を促進する成分が入れられています。これらは化学反応を促す「触媒」の役割をし、鉄分が急速に酸化するのを助けています。

また、活性炭も欠かすことのできない成分です。炭の表面にはくぼみが多く、たくさんの酸素を蓄えることができるからです。

化学 「オゾン」は人の体に有害って、どういうこと？

かつて、夏の日差しで肌を焼くのが健康的とされていた時代がありました。

しかし、現在では紫外線が細胞を傷つけることがわかり、日焼けする人も少なくなりました。この強力な紫外線をオゾン層は吸収しカットする役割をしてくれていたのです。

このオゾン層とは何か、説明していきましょう。

フロンガスが上空10㎞から50㎞の成層圏まで達すると紫外線によって分解され塩素となります。その塩素がオゾン層を破壊してしまうというわけです。

そこで、各国でフロンガスの使用を中止し、代替物質に切り替えている、というのです。

そもそもオゾン層の「オゾン」とは、酸素原子が3つ結びついたもので、空気中にある酸素分子は、酸素原子が2つです。「成層圏」にある酸素分子は、紫外線のエネルギーにより2つの酸素原子に分かれ、ほかの酸素分子と結合してオゾンに変化します。

そんなオゾンですが、実は、私たちの体には有害なのです。オゾンには強力な殺菌効果があり、食品の消毒などに使われています。それだけの強い酸化作用があり、人体には悪影響なのです。光化学スモッグの中心となっているのはこのオゾンです。

反対に、フロンは、ほとんど無毒で、燃えにくく、モノをよく溶かすため、工業では夢の物質でした。皮肉なものです。

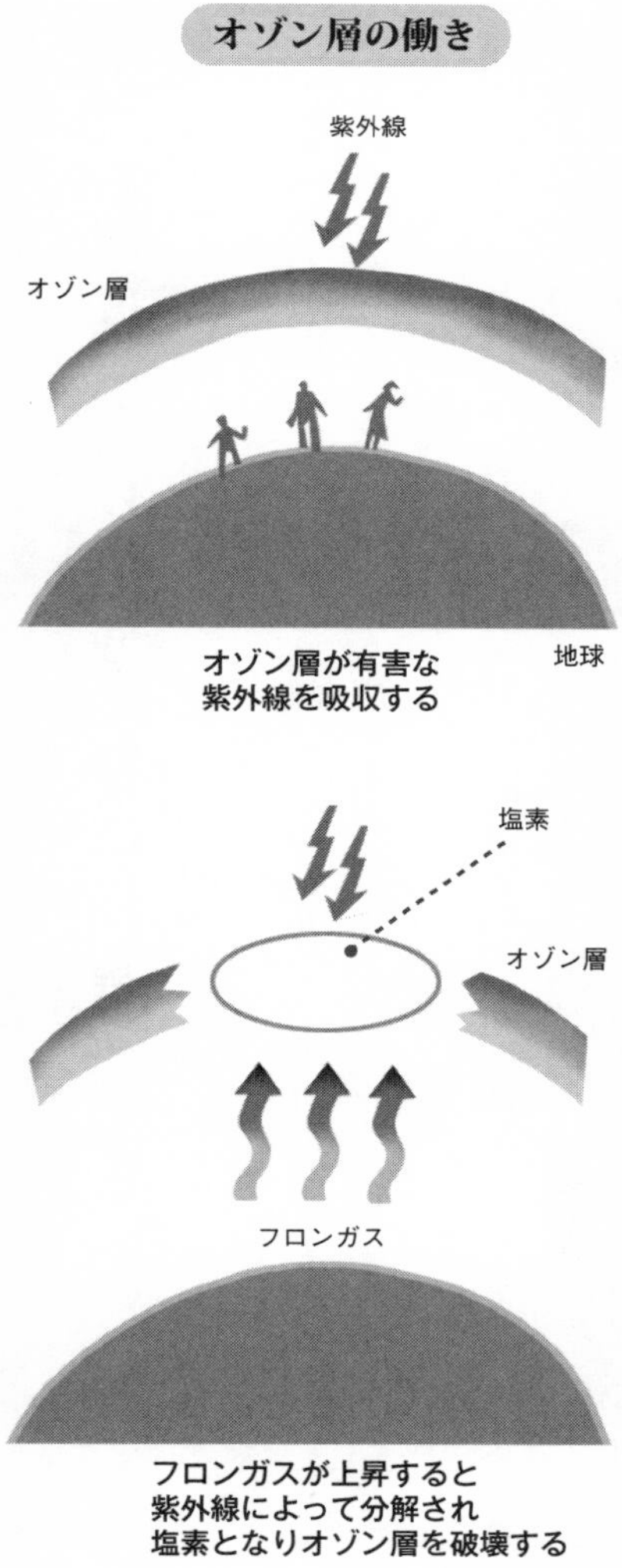
オゾン層の働き
紫外線
オゾン層
地球
オゾン層が有害な
紫外線を吸収する
塩素
オゾン層
フロンガス
フロンガスが上昇すると
紫外線によって分解され
塩素となりオゾン層を破壊する

化学 「石油を使い続けるとなくなる」に、異説アリ!

太古の生物の遺骸が地下で高圧と高熱によって変化し、石油ができたとされています。石油の成分の中で中心となるのが「炭化水素」です。炭化水素は炭素と水素が結びついたもので、さまざまな種類があります。

石油のできる条件の1つが、「貯留岩《ちょりゅうがん》」と呼ばれる岩石層があることです。地下から岩石のすき間をぬって上昇してきた石油をせき止める岩石の層が必要なのです。

さて、実は、石油がこうして生物由来の燃料であるという説「有機成因論」に対して、「無機成因論」と呼ばれる説があります。この説は昔からありましたが、現在では、イギリスの天文学者トーマス・ゴールドによって確立されました。

ゴールドは「地球内部に炭化水素が大量に含まれていて、それらが加圧、加熱されて石油ができる」としたのです。

この説によれば、石油は尽きないほど地下からわき出てくることになります。

突拍子もない説のように思えるかもしれませんが、完全には否定できない根拠があります。

たとえば、生物由来とは思えないほど地下深くにも石油が存在するということ。あるいは、太古の生物分布と現在の油田の位置が異なることなどがあげられています。

石油が生物由来なのだとすれば、いつかは石油も尽きてしまいます。

それに対して、地下からいくらでも石油はわいてくるという説は魅力的でもあります。

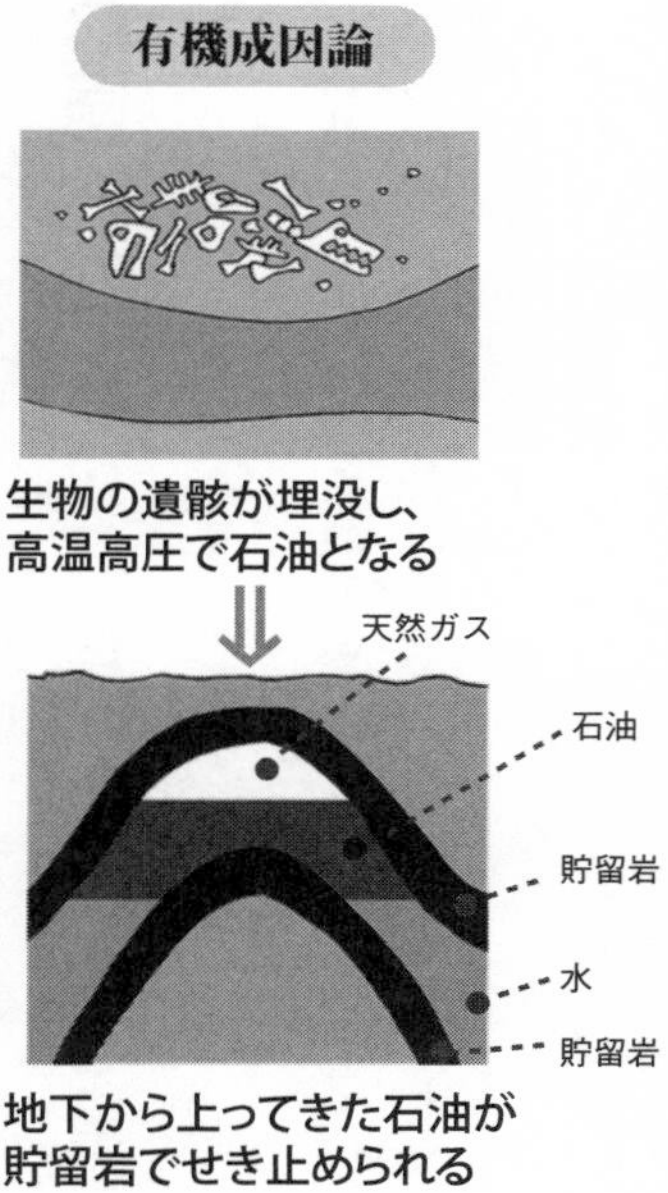
有機成因論
生物の遺骸が埋没し、
高温高圧で石油となる
天然ガス
石油
貯留岩
水
貯留岩
地下から上ってきた石油が
貯留岩でせき止められる

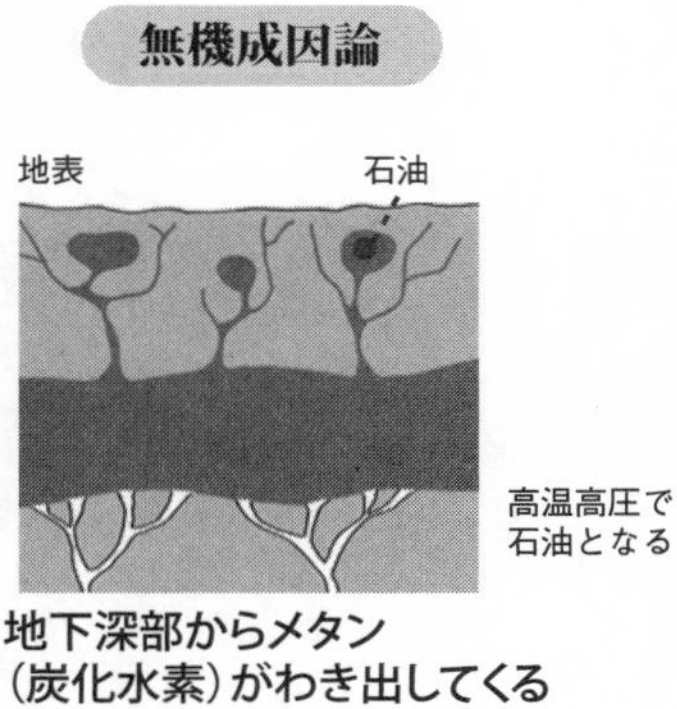
無機成因論
地表
石油
高温高圧で
石油となる
地下深部からメタン
（炭化水素）がわき出してくる

化学 3分でわかる、世界がうらやむ資源大国日本って？

石油の埋蔵量は限られていて（そうではないという説もあります：144ページ）、将来的には、石油の代替エネルギーが必要です。とくに石油のほとんどを輸入でまかなっているわが国では深刻な問題です。

そんな日本にも朗報がもたらされました。日本の近海に新しい燃料資源が大量に眠っているというのです。

それが「メタンハイドレート」です。

メタンハイドレートは、メタン分子を水の酸素原子が囲んでいるもので、主に海底に存在します。メタンは、炭化水素の代表的な存在で、天然ガスの主成分です。

なぜ、メタンハイドレートが生まれたのでしょうか。

諸説ありますが、その1つが「生物起源説」です。

メタンハイドレートの構造

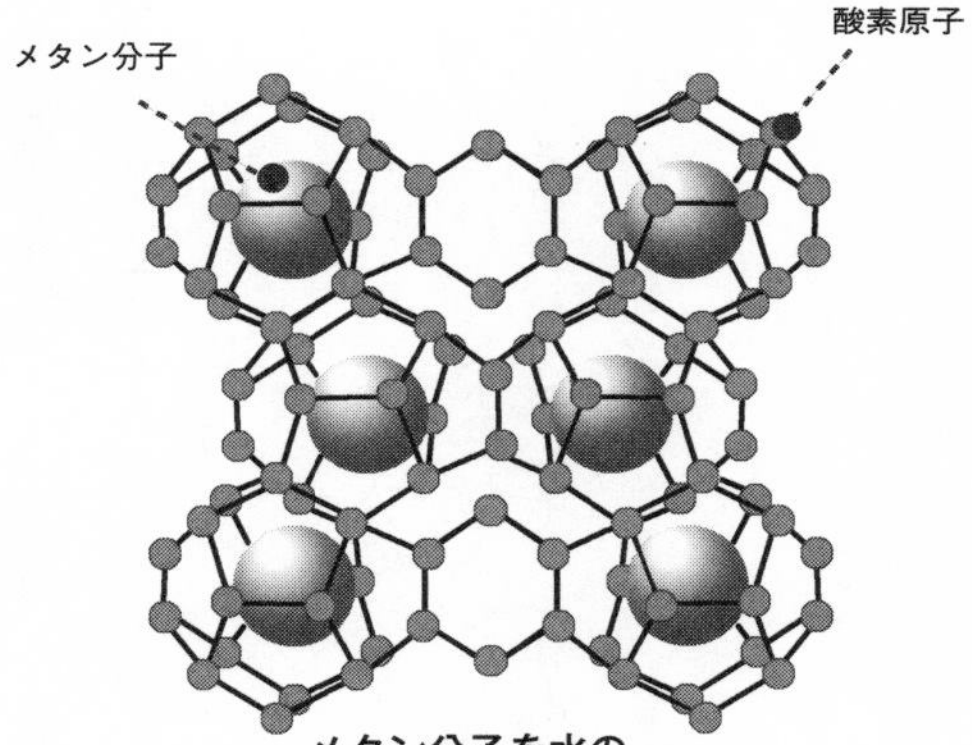
メタン分子
酸素原子
メタン分子を水の
酸素原子が囲んでいる

メタンハイドレートの分布予想図

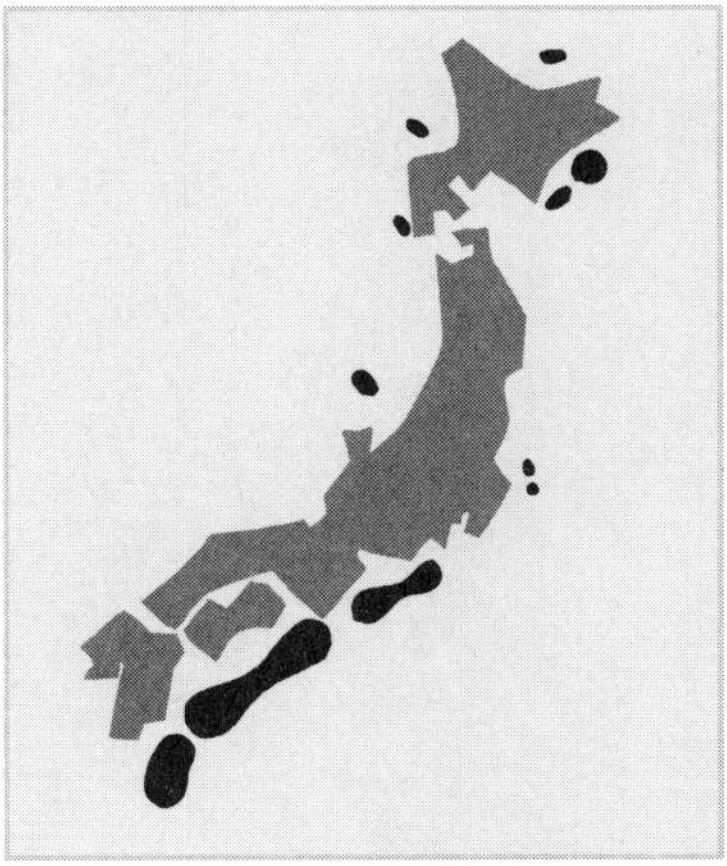

出典：石井彰「天然ガスが日本を救う」日経BP社

最近の研究により、これまで生物が存在するとは考えられない地下深部にも生命が存在することがわかってきました。これらの生物のうち、「嫌気性細菌」は代謝でメタンを生じさせることがわかっています。

海底深くにもこうした細菌がいると考えられ、それらによって生じたメタンが地下から上昇し、水と結びついてメタンハイドレートをつくるという説があるのです。

メタンは石油に比べ、半分の二酸化炭素しか発生させないため、エコなエネルギーであるといえます。

ただし、メタンハイドレートを効率よく採取する方法はなく、実用化されるのには、まだ少しかかりそうです。

物理 「原子力発電」に代わる、今注目の新エネルギー「核融合」とは？

原子力発電は、原子の「核分裂」のエネルギーを利用したものです。

主に使われているのは「ウラン２３５」というウランの同位元素です。これに中性子を１つぶつけると「ウラン２３６」というとても不安定な原子になります。

あまりにも不安定なため、すぐに核分裂を起こして、「クリプトン92」と「バリウム１４１」という２つの原子になります。

このとき、中性子がいくつか飛び出します。この中性子がほかのウラン２３５にぶつかると同じ反応が起こります。これを連鎖させることによって莫大なエネルギーを発生させます。

そのエネルギーはたいへん大きく、たった1個のウラン２３５から発生するエネルギーは化学反応によって放出されるエネルギーの約１００万倍にもなります。

一方、分裂ではなく、「核融合」によってエネルギーをつくり出す方法もあります。これは核分裂の反対で、原子と原子を融合させて、より質量の大きい原子にする方法です。なじみがないかもしれませんが、太陽のエネルギーは核融合の力により発生しています。核融合炉《ろ》の場合は、海水からとれる「重水素」と「三重水素」を反応させる方法が考えられています。

実用状態にはいたっていないのですが、2021年6月、日米欧などの7ヵ国が、国際熱核融合実験炉（ITER）をフランスに建設中で、東芝の子会社が世界最大級の磁場コイルを完成させ、実用化に向けて進んでいます。

発電量は原子力発電と同じくらいと見込まれ、開発されれば21世紀の新エネルギーになるといわれています。

核分裂の例

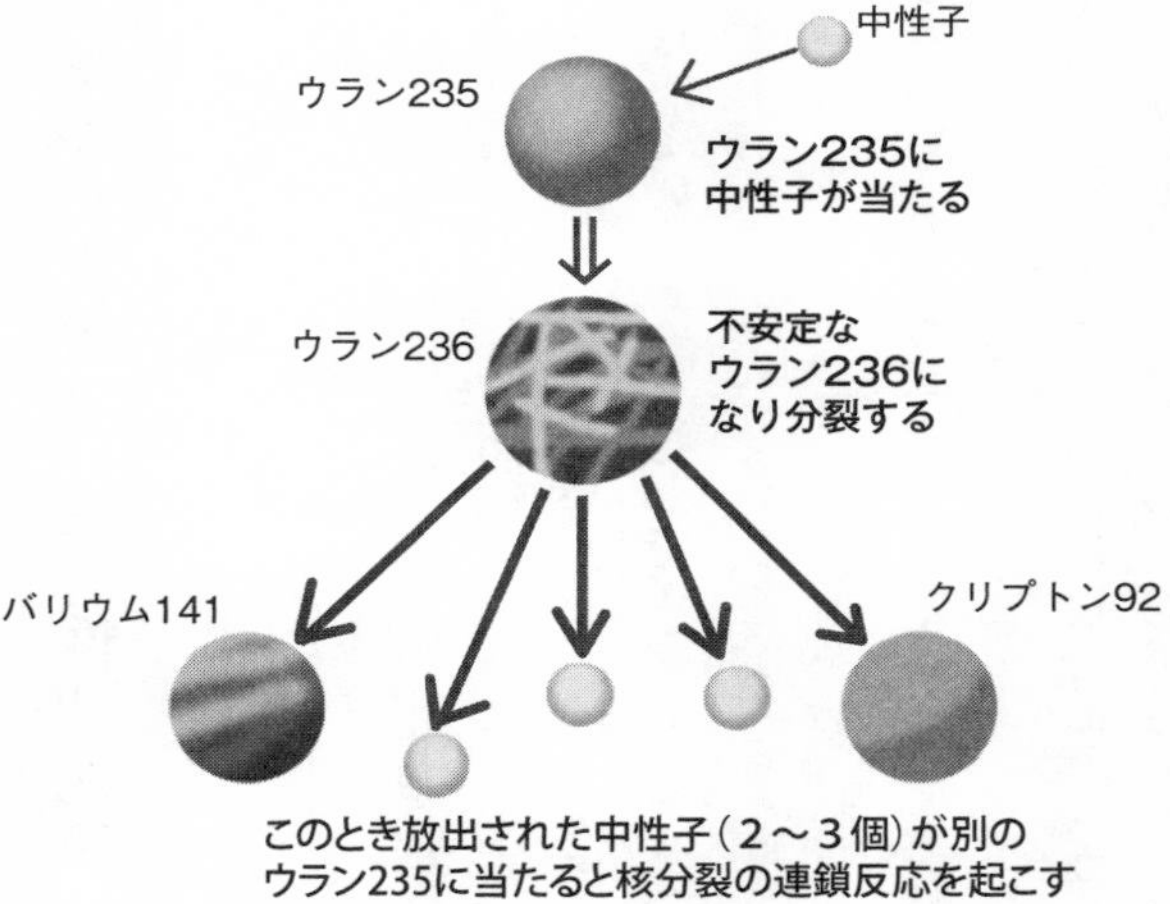
中性子
ウラン235
ウラン235に
中性子が当たる
ウラン236
不安定な
ウラン236に
なり分裂する
バリウム141
クリプトン92
このとき放出された中性子（２～３個）が別の
ウラン235に当たると核分裂の連鎖反応を起こす

核融合の例

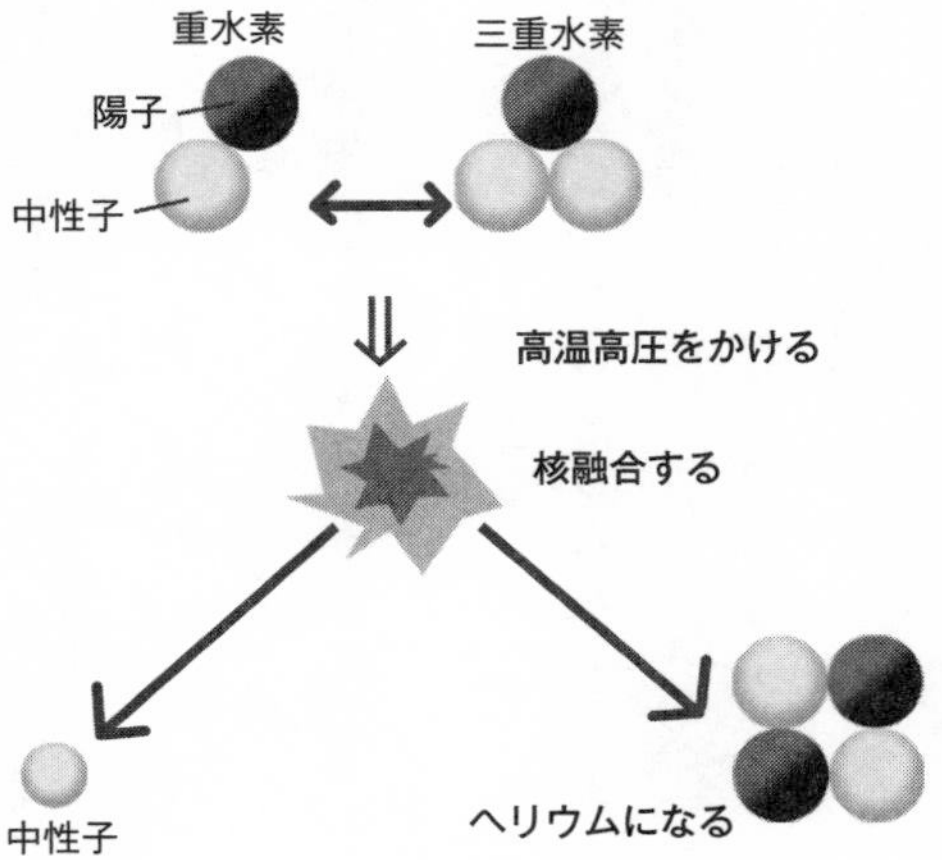
重水素
三重水素
陽子
中性子
高温高圧をかける
核融合する
中性子
ヘリウムになる

物理　たった1分で「相対性理論すごい！」って、いえるくらいわかる

誰もが「相対性理論」という言葉は知っているのに、いまひとつイメージがわかないのではないでしょうか。その理由に、相対性理論が私たちの生活とどのような関係があるのかわからない、といった原因もあると思います。

私たちの生活で相対性理論がいちばん関係しているのは、「原子力発電」です。「$E=mc^2$」という式をどこかでチラッと見た記憶ありませんか。これはアインシュタインが発見した式で、かんたんにいえば「質量とエネルギーは同じ」ということ。式の中で「E」はエネルギー、「m」は質量をあらわしています。「c」は光の速度のことです。

それでは、「質量がエネルギーと同じ」とはどういうことでしょうか。

原子力発電所では、放射性物質である「ウラン」をエネルギー源としています。ウランの原子が分裂すると、エネルギーが発生するのです。そして、使われたウランからはほん

のわずかだけ質量が失われています。つまり、質量がエネルギーに変換されたのです。

これが「質量とエネルギーは同じである」という言葉の意味です。

原子力発電は相対性理論がなければ利用できなかったのです。

ただし、これを悪用すると、「原子力爆弾（原爆）」がつくれます。

核反応をゆっくり起こさせるのが原子力発電、急激に起こさせるのが原子力爆弾です。

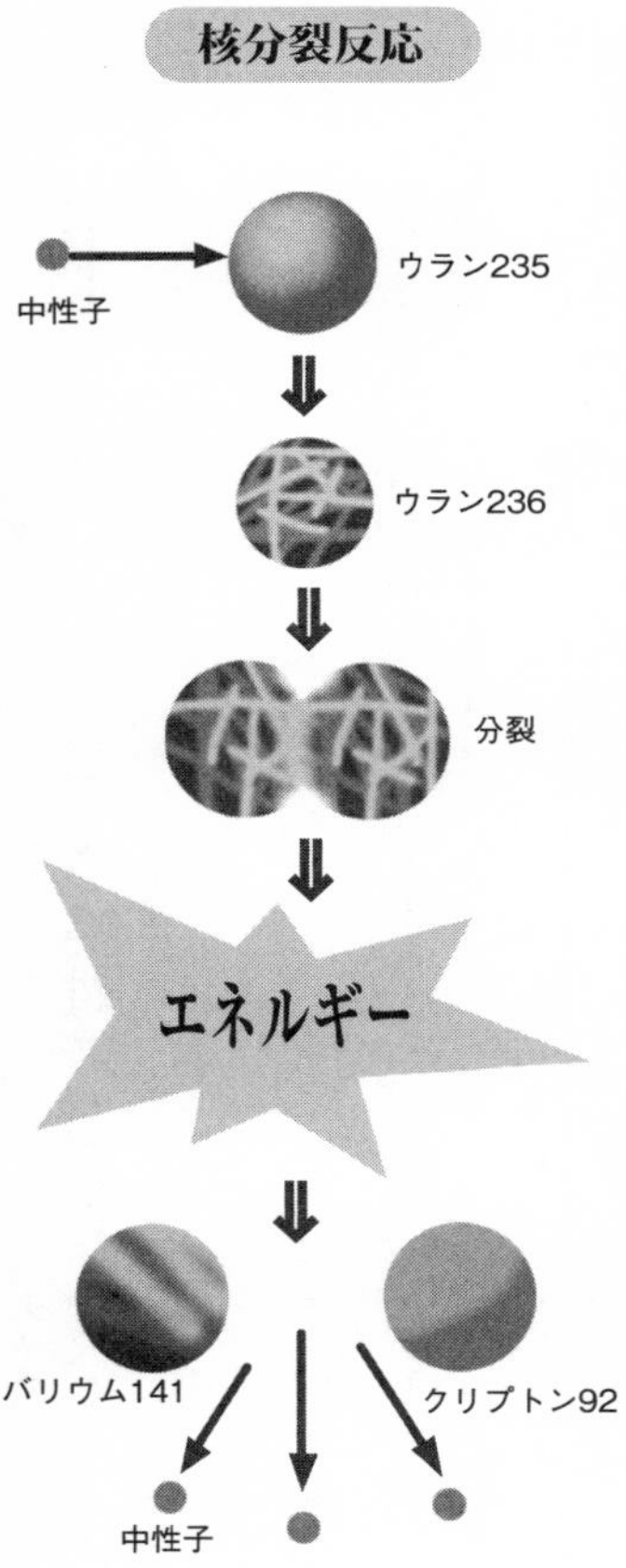
核分裂反応
中性子
ウラン235
ウラン236
分裂
エネルギー
バリウム141
クリプトン92
中性子

物理 「宇宙一速いのは光」って、絶対に揺るがない？

アインシュタインは、1905年、「特殊相対性理論」を発表しました。

この説によれば、「光の速さは一定であり絶対に変わらない（真空中であれば）、そして、光より速いものはない」とされています。

光の速さとは、秒速約30万㎞。よく、光の速さは地球を1秒間に7周半する速さといわれますね。

なぜ、「光より速いものはない」のでしょうか。

たとえば、光速に近い速度で飛べるロケットがあるとします。このロケットで飛んでみましょう。どんどん速度をあげて、光の速さに近づいたとします。そのとき、ロケットは思いもしなかった状態になるのです。

1つは、ロケットの質量がどんどん大きくなっていくこと。光速に近づけば近づくほど

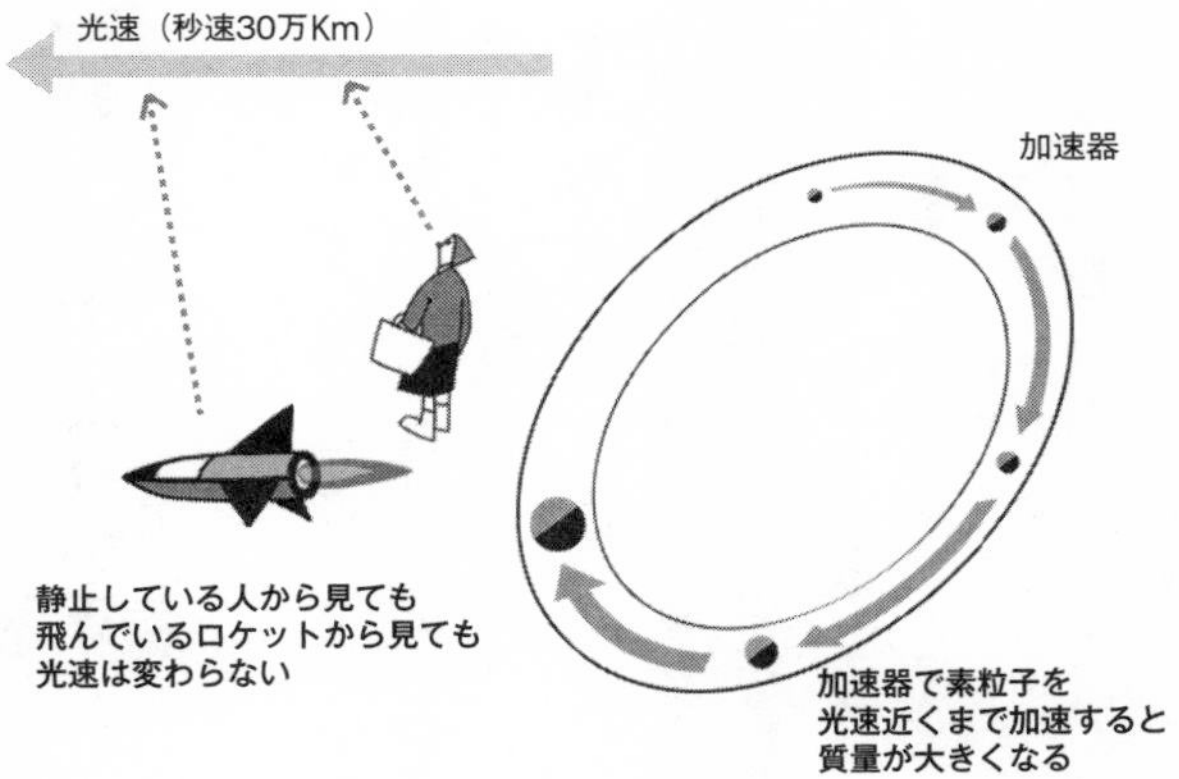
光速（秒速30万Km）
加速器
静止している人から見ても
飛んでいるロケットから見ても
光速は変わらない
加速器で素粒子を
光速近くまで加速すると
質量が大きくなる

ロケットは重くなり、膨大なエネルギーを必要とします。しかし、そのような大きな力を出すのはほとんど不可能です。

2つに、外から見た場合、光速に近づくほど、ロケットでの時間がたつのが遅くなるように見えるのです。

これらは、単なる空想のように聞こえるかもしれませんが、すでに、実験で確かめられているのです。

たとえば、加速器という装置で、素粒子を光に近い速さで飛ばすと、実際に、質量が大きくなったのです。

また、人工衛星の中の時計は、地上の時計よりも遅くなることがわかっています。

このように、光の速度が変わらないという法則を、「光速度不変の法則」といいます。

物理 「原子」より小さいモノとは?

モノを小さく、さらに小さく分解していくと「原子」になる。

このように、古代ギリシャの哲学者デモクリトスは、この世は万物の根源「アトム」からできていると考えました。アトムとは、いまでいう原子のことで、元々は、これ以上、分割できないという意味です。

実際に、原子が物質の根源であることは18世紀以降にはわかってきました。ただし、研究が進むと、原子は、この世でいちばん小さいものではないことがわかりました。

原子は、「マイナスの電荷」をもつものと「プラスの電荷」をもつものからできていることがわかったからです。

原子の構造についても、諸説ありました。

1つはブドウパンのように、プラスの電荷をもったものの中にマイナスの電荷をもつも

原子はどのような構造をしているか

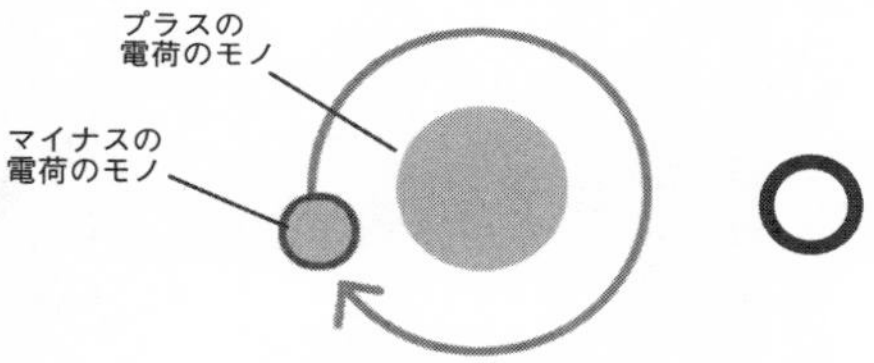
プラスの
電荷のモノ
マイナスの
電荷のモノ

原子の地球と月モデル

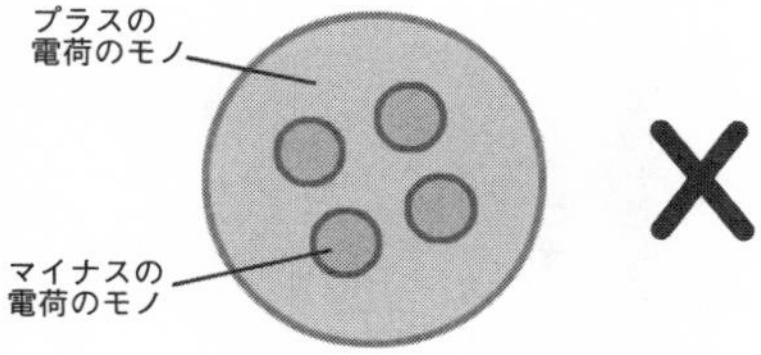
プラスの
電荷のモノ
マイナスの
電荷のモノ

原子のブドウパンモデル

クオークがいちばん小さい？

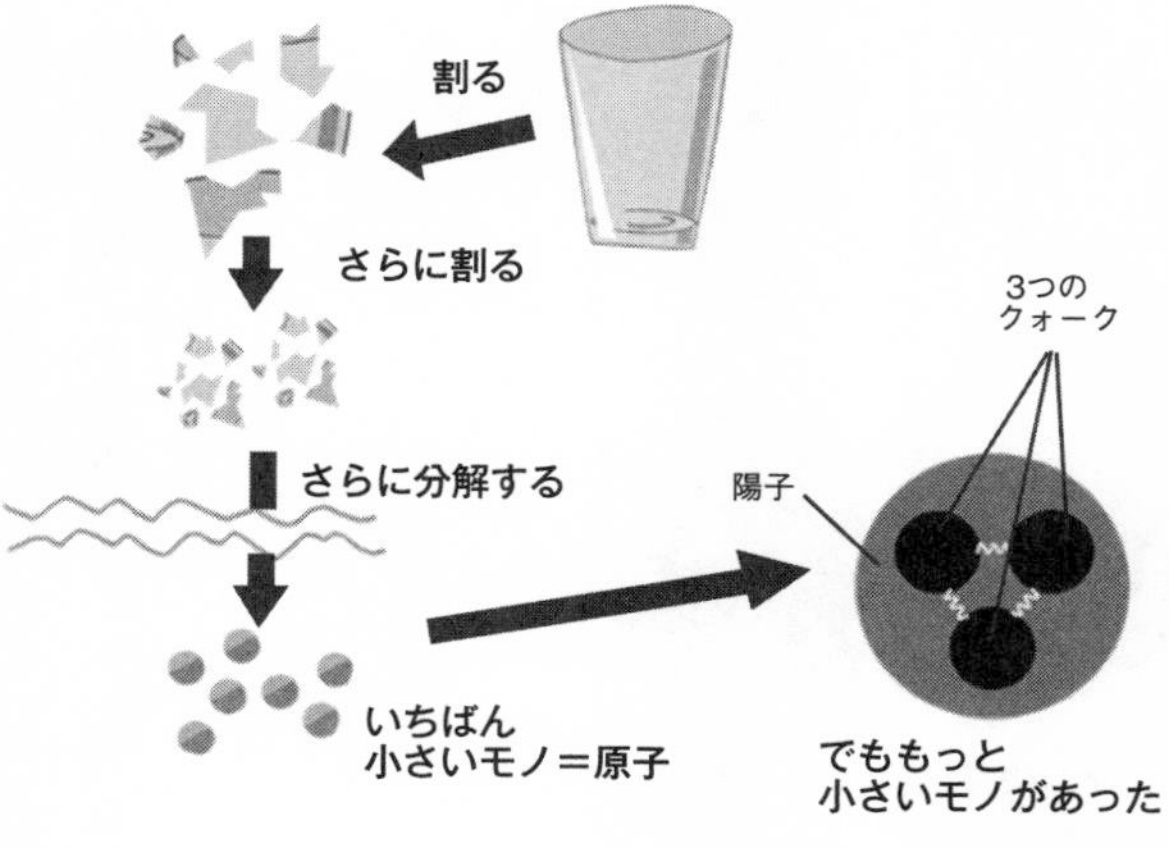
割る
さらに割る
さらに分解する
いちばん
小さいモノ＝原子
3つの
クォーク
陽子
でももっと
小さいモノがあった

のが入っているという説。

もう1つは、地球と月のように、プラスの電荷をもったもののまわりをマイナスの電荷をもったものがまわっているという説。

実験の結果、原子は「原子核」と「電子」からできていることがわかりました。つまり、後者の説が正しく、電子は原子核のまわりをまわっていたのです。

さらに研究が進みます。原子核は「陽子」と「中性子」に分けられることもわかりました。原子は、陽子、中性子、電子でできていたのです。

しかし、まだまだ、これで終わりではありません。陽子や中性子はさらに小さな「クォーク」と呼ばれる粒子が3つ集まってできていることがわかってきました。

このように、世界で一番小さいモノは原子ではなかったのです。

化学 電気を「通しやすい鉄」「通しにくいゴム」、意外と説明できないその正体

物質の中には「電気を通しやすいモノ」と「通しにくいモノ」があります。どこがどう違うのでしょうか。

「通しやすいモノが鉄や銅で、通しにくいのがガラスやゴムでしょ！」と思うかもしれません。では、その物体の違いは何でしょうか。化学で深掘りしてみましょう。

通常、「原子」は、「陽子」と同じ数の「電子」をもっています。電子は「原子核」のまわりをまわっていますが、その「コース」は決められています。

コースはいくつかありますが、それぞれのコースの「定員」が決まっています。そして、それぞれのコースの定員がきっちり埋まっているほど安定した原子になります。

しかし、電子の中には、定員からはみ出して、外側のコースに一人ぼっちでいるものもあります。このようないちばん外側の電子を「価電子《かでんし》」といいます。

この価電子は、原子核の束縛を逃れて外へ飛び出そうとしています。そして、価電子が飛び出すと、その原子は、プラスのイオンとなります。

たとえば、金属の原子が結合したときも価電子を放出します。このとき放出された電子は金属の中を自由に飛びまわれるようになります。このような電子を「自由電子」といいます。この自由電子があるかどうかで、電気が通りやすいか通りにくいかが決まります。

反対に、自由電子がなく、安定した状態で結びついている物質は電気を通しません。ゴムやガラスがその例で、「絶縁体」といいます。

また、電気は温度が高くなると抵抗が大きくなり、温度が低くなると抵抗が小さくなります。そして、完全に電気抵抗がなくなったのが「超伝導」です。

温度が上がると電気抵抗が大きくなるのは、金属原子の熱運動により、自由電子の移動がじゃまされるからです。

金属融合

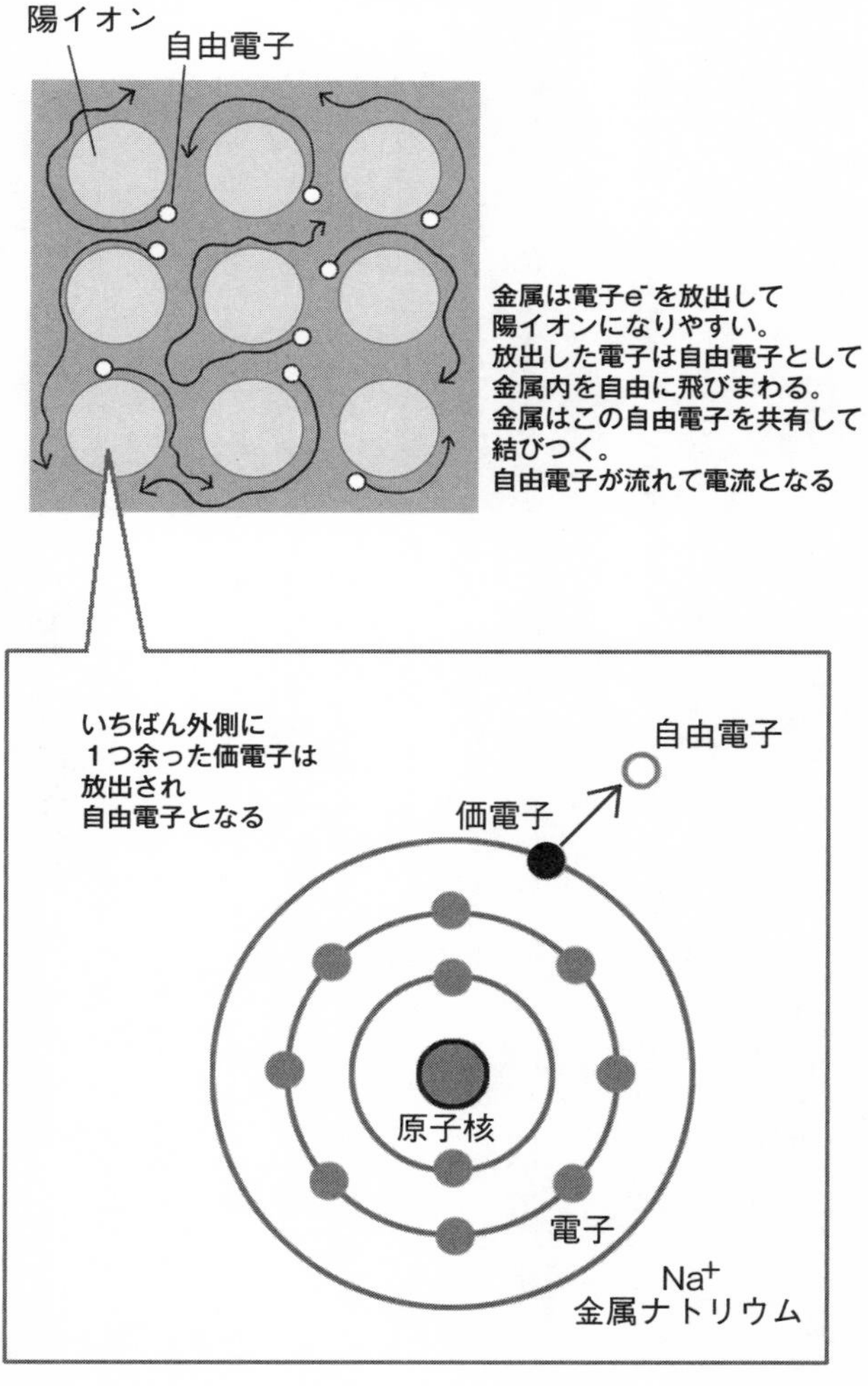
陽イオン
自由電子
金属は電子e⁻を放出して
陽イオンになりやすい。
放出した電子は自由電子として
金属内を自由に飛びまわる。
金属はこの自由電子を共有して
結びつく。
自由電子が流れて電流となる
いちばん外側に
１つ余った価電子は
放出され
自由電子となる
自由電子
価電子
原子核
電子
Na⁺
金属ナトリウム

化学 世界一大きい磁石とは、なんでしょう？

私たちの身のまわりには磁石を使った製品がたくさんあります。その1つである方位磁石は、N極が北を向き、S極が南をさします。天然の磁石では「磁鉄鉱」がありますが、現在使われている磁石は人工的につくられた強力なものです。

磁石の中を見てみると、小さな「磁極」が整然と同じ方向を向いて並んでいます。それぞれの磁極にはN極とS極があり、すべての磁極が同じ方向を向いているのです。これは磁石を半分にしても同じです。それぞれの磁極はみな同じ方向を向いています。

金属の中には、磁石にくっつくものと、くっつかないものがあります。くっつくものの代表は鉄で、銅やアルミニウムはくっつきません。これは金属原子の電子の状態によります。

電子にはスピンするという性質があります。そして、スピンには2種類の方向がありま

磁石の中身は

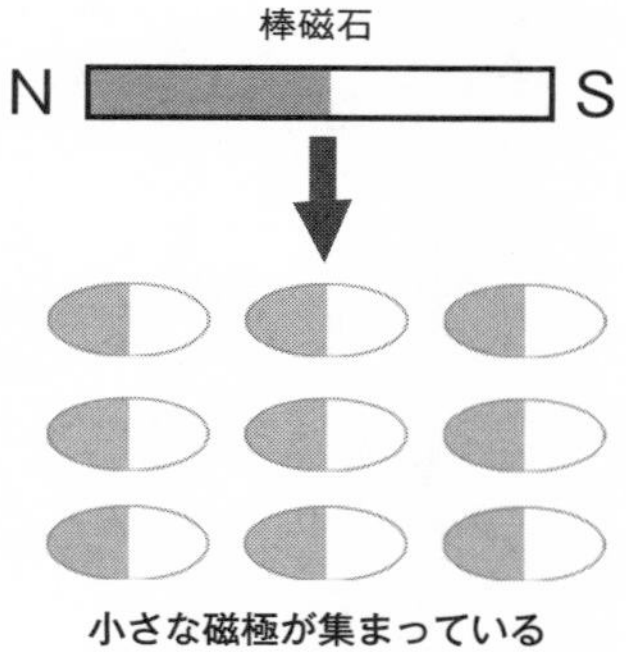
棒磁石
N
S
小さな磁極が集まっている

地球も大きな磁石

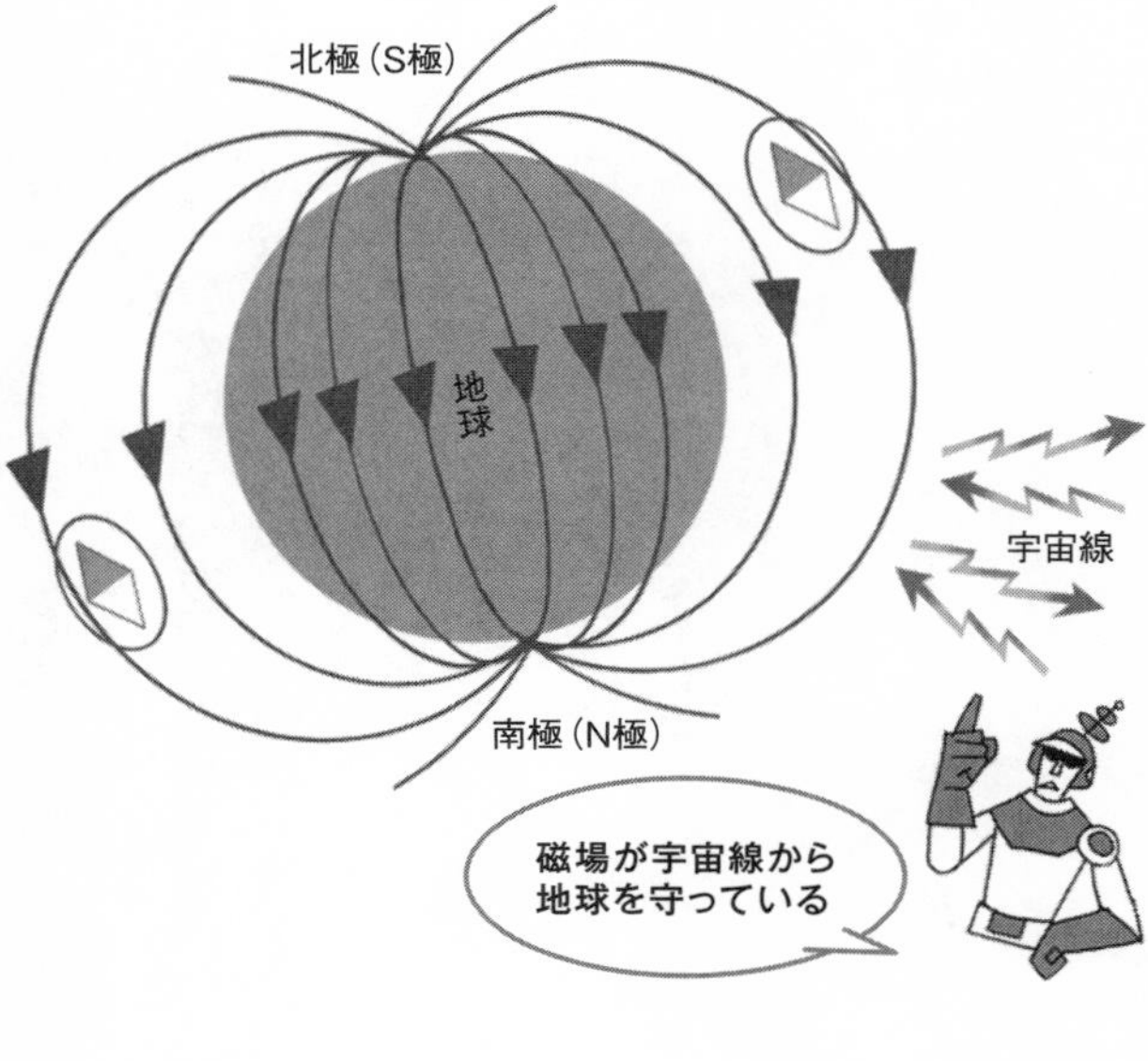
北極（S極）
地球
宇宙線
南極（N極）
磁場が宇宙線から
地球を守っている

す。磁石にくっつかない原子では、違うスピンの方向をもつ電子が対になることによって安定しています。

しかし、磁石にくっつく金属の原子は、対になれない一人ぼっちの電子が余っています。この対になれない電子を「不対電子」といいます。磁気に反応するのは、この不対電子をもつ金属なのです。

では、なぜ、近くに磁石もないのに方位磁石は北をさすのでしょうか。

答えは、地球の内部に磁石の働きをする「地磁気」があるからだったのです。北極にS極、南極にN極を示す磁場が働いていたため、方位磁石もそれにならっていたということです。

5章　ますます考えたくなる「宇宙の大疑問」

物理 絵空事じゃない!? エレベーターで宇宙に行ける未来

現在のロケット事業では、ロケットを打ち上げることに膨大な費用がかかっています。そこで、もっと安い費用で宇宙まで行く方法はないかと考えて発想されたのが、「宇宙エレベーター」です。

「そんな夢物語あるわけない」と思うところですが、最新の技術で、どうやら実現しそうになってきたのです。

まずは、地上3万6000㎞の高さに静止衛星を打ち上げます。この衛星から、地上までエレベーター用のケーブルを垂らしていきます。このケーブルをたどって、人工衛星までのぼっていこうというのが、宇宙エレベーターの構想です。

ただし、ふつうのエレベーターと違うのは、ふつうのエレベーターがケーブルで「箱」を引っ張り上げたり、下ろしたりするのに対し、宇宙エレベーターでは、ケーブルは動か

構想図

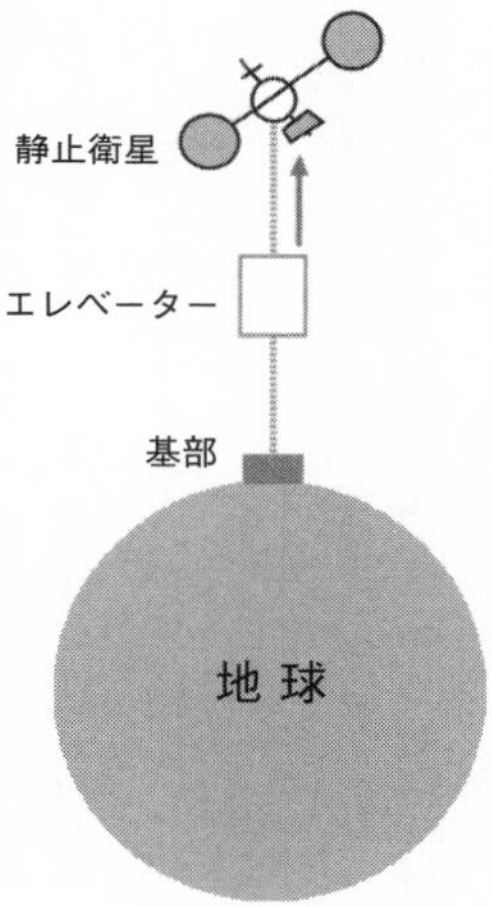
静止衛星
エレベーター
基部
地球

カーボン・ナノチューブ

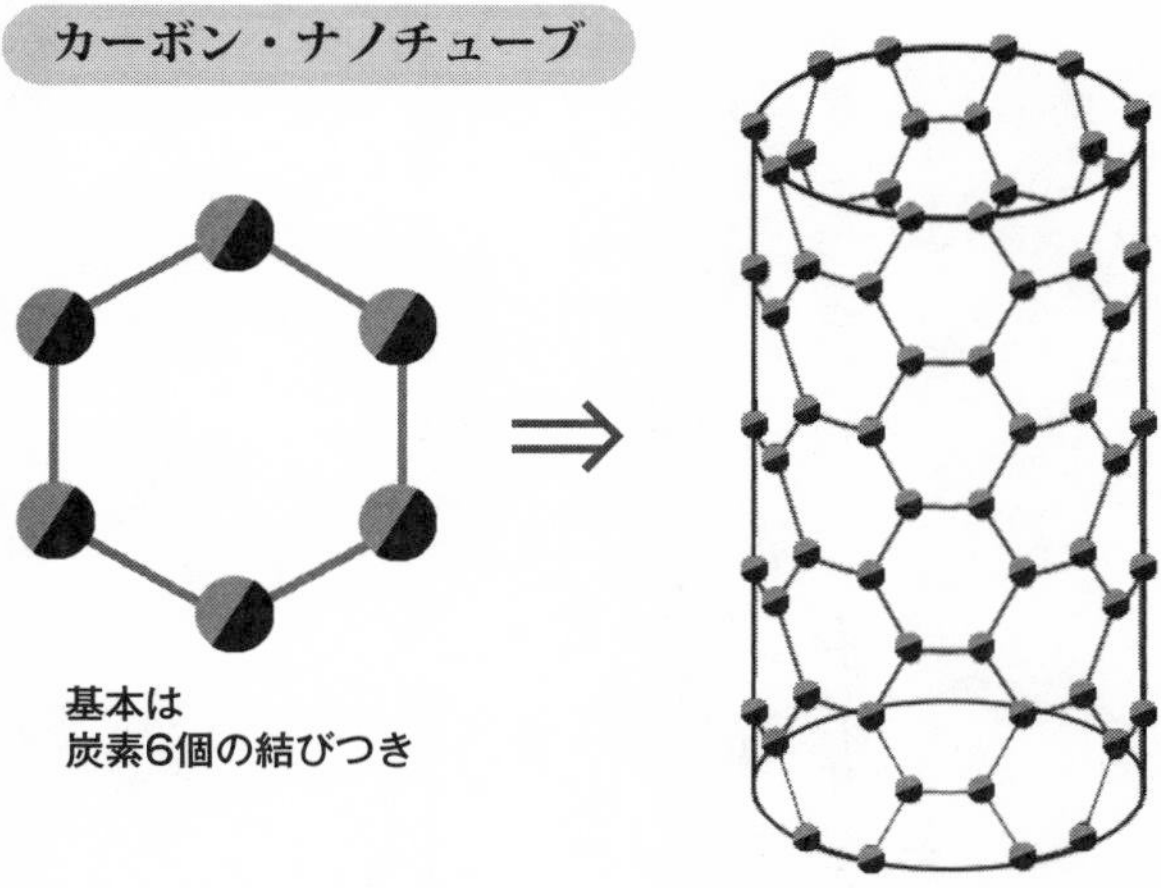
基本は
炭素6個の結びつき
六角形の炭素が
結びついて
円筒形をつくる

ないで、「箱」のほうがよじのぼっていくところです。

いたってかんたんそうに見えますが、ではなぜ、これまで実現していなかったのでしょうか。

それは、ケーブルの素材の問題があったからです。

いくら丈夫なケーブルでも、人工衛星から地上までの3万6000㎞の長さがあると、自らの重量によってちぎれてしまいます。

ところが、最近、それにも耐えられそうな素材が発明されたのです。それが「カーボン・ナノチューブ」です。これは炭やダイヤモンドと同じ炭素でできた素材で、縦方向の力に強い性質があります。

誰でもかんたんに宇宙に行ける時代は、すぐそこまできているのかもしれません。

物理 宇宙は、たったの「4つの力」で、できていた？

重力、電磁力は、聞いたことがあると思いますが、他に宇宙には、どんな力が働いているのでしょうか。

実は、たったの4つの力だけだったのです。

① 重力
② 弱い力
③ 電磁力
④ 強い力

力の弱い順から並んでいます。この4つの力で宇宙は成り立っていたんですね。

「重力」がいちばん弱いのは意外と思われたのかもしれません。私たちも含めて、地球の重力に縛られています。「大きい力じゃないか」といいたくなりますね。

しかし、原子のようにミクロの世界になると、重力はほんのわずかしか影響しないのです。粒子一つひとつのもつ重力はほとんど無視できるほど小さい力です。影響が大きくなるのは、地球のように大きなサイズになった場合です。

「弱い力」は、あまりなじみのある力ではありません。弱い力とはいうものの、重力より強い力なのです。原子核の中に中性子がありますが、この中性子が崩壊すると、陽子、電子、そしてニュートリノという粒子に変わります。このとき働くのが弱い力です。

「電磁力」は、原子核と電子の間に働いている力です（詳細は次項）。

「強い力」は、クォークとクォークを結びつけている力です。クォークとは、陽子と中性子をつくっている粒子のことです。陽子と中性子はそれぞれ3つのクォークからできているのです。４つの力の中でもっとも強い力で、「核力」ともいいます。

宇宙をつくる4つの力

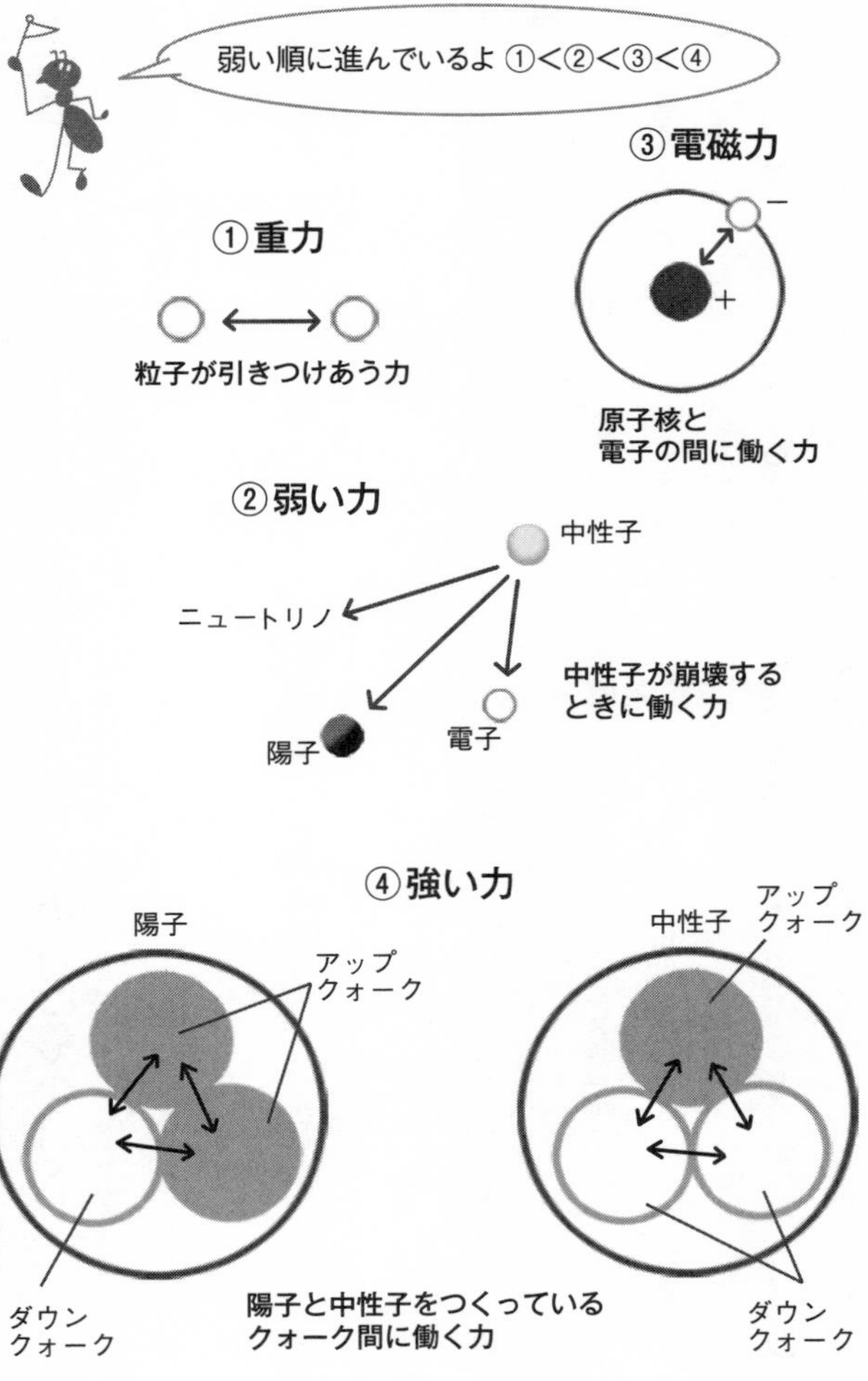
弱い順に進んでいるよ ①<②<③<④
①重力
粒子が引きつけあう力
③電磁力
−
+
原子核と
電子の間に働く力
②弱い力
中性子
ニュートリノ
中性子が崩壊する
ときに働く力
陽子
電子
④強い力
陽子
アップ
クォーク
ダウン
クォーク
中性子
アップ
クォーク
ダウン
クォーク
陽子と中性子をつくっている
クォーク間に働く力

化学 電力と磁力がくっついた「電磁力」って、結局どんな力？

「電磁力」とは、２つのある力をまとめた言葉です。

それは、「電力」と「磁力」のことで、全然違うように思えますが、この２つの力は密接に関係しています。

たとえば、電流を流した針金にコンパスを近づけると針（磁石）が動きます。

また、コイル状に巻いた針金の中に磁石を入れたり出したりすると電流（誘導電流）が発生します。

磁石が影響を及ぼす範囲を「磁界」、電気が力を及ぼす範囲のことを「電界」といいます。磁界は電界を生み、電界は磁界を生み出すのです。ちなみに電磁波は、こうして磁界と電界が互いを生み出しながら進んでいったものです。

また、電磁力は「光子」が媒介しています。光子とは、つまり光のことです。光とは波でもあり、粒子でもありました。光を波として扱う場合は電磁波、粒子として扱う場合は

電力と磁力の関係

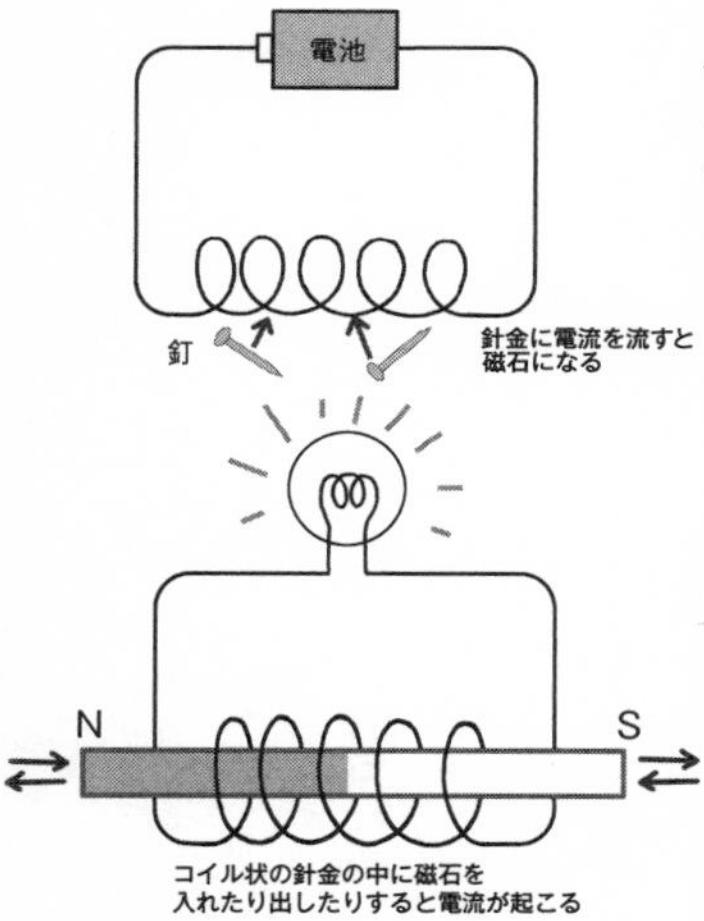
電池
釘
針金に電流を流すと
磁石になる
N
S
コイル状の針金の中に磁石を
入れたり出したりすると電流が起こる

磁　界

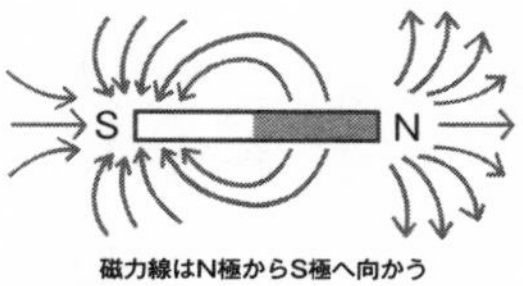
S
N
磁力線はN極からS極へ向かう

電　界

密
疎
電荷
電気力線は電荷に近いほど密で
離れるほど疎になる

光子といっているのです。

電磁力は、原子核と電子の間に働いている力です。化学が扱う原子の性質は、原子核と電子の関係によるものが大きいのです。

原子核の中の陽子はプラスの電荷をもっており、電子はマイナスの電荷をもっています。

プラスの電荷をもっている粒子とマイナスの電荷をもっている粒子は引きつけあい、同じ電荷をもっている粒子は反発しあいます。これが電磁力です。

4つの力の中では、「強い力」の次に強い力をもっています。

物理 宇宙の創生「ビッグバン」のあと、最初に生まれたものとは

ずいぶん長い間、宇宙にははじまりも終わりもなく、ずっと静止しているものだと考えられてきました。

ニュートンやアインシュタインでさえも、そう考えていたのです。

ところが、1948年、アメリカの物理学者ジョージ・ガモフが、「火の玉宇宙」というアイデアを提唱しました。そこから、「ビッグバン宇宙論」が発展してきました。

この理論によれば、この宇宙は、ビッグバンという大爆発によりはじまったのです。この爆発とともに宇宙は膨張し、現在にいたっています。

宇宙の年齢は、138億歳。つまりビッグバンは138億年前に起きたのです。

宇宙のはじめはとびきり超高密度、超高温の世界でした。しかし、宇宙が膨張して密度が低くなると、だんだん宇宙の温度は下がっていきます。

宇宙の歴史

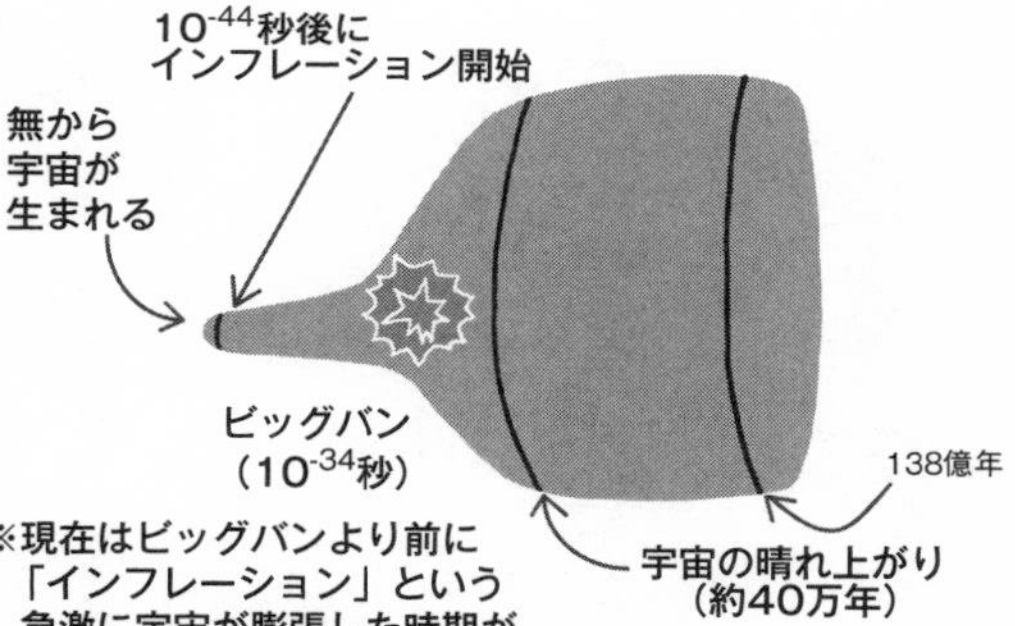
10^{-44}秒後に
インフレーション開始
無から
宇宙が
生まれる
ビッグバン
（10^{-34}秒）
138億年
宇宙の晴れ上がり
（約40万年）

※現在はビッグバンより前に「インフレーション」という急激に宇宙が膨張した時期があったと考えられている

粒子の対生成と対消滅

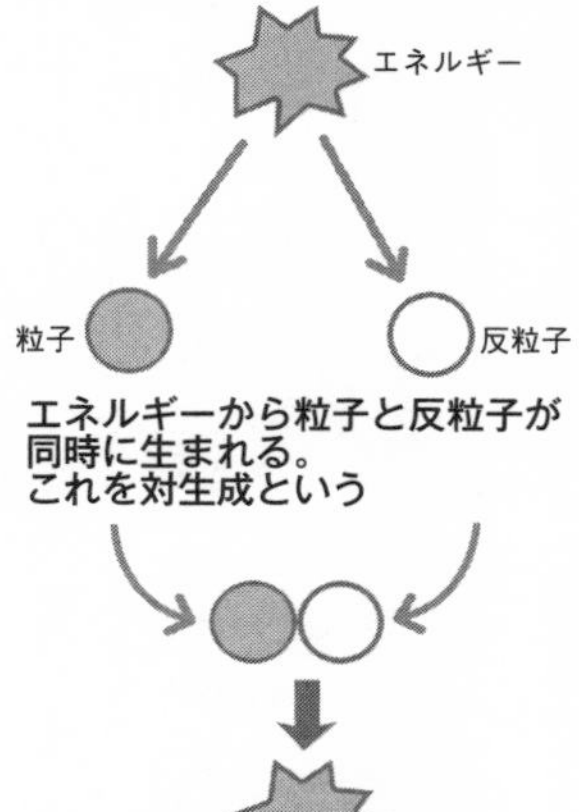
エネルギー
粒子
反粒子

エネルギーから粒子と反粒子が同時に生まれる。
これを対生成という

粒子と反粒子が衝突するとエネルギーに変わる。
これを対消滅という

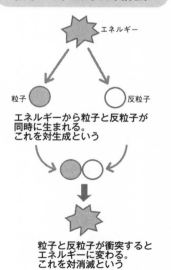

温度が下がってくると、物質が誕生しはじめました。最初に誕生したのはクォークやレプトン類（電子など）です。

実はこのとき、「反粒子」と呼ばれる粒子が一緒に誕生したのです。「反クォーク」「反レプトン」がそれです。

クォークと反クォークは、同時に生まれます。２つが衝突すると両方同時に消滅してしまいます。

このままだったら、宇宙には物質は何も残らなかったはずです。

ところが、反粒子より粒子のほうが多かったのです。10億個に対して1個ほどの違いでした。そのため、宇宙には粒子だけが残ることになったのです。

化学　原子ができたのは、宇宙誕生のず～っとあと？

化学が扱う原子は、次のようにして生まれました。

宇宙が誕生してから10万分の1秒たったころ（本当にわずかな時間です）、温度は絶対温度1兆K（ケルビン）にまで下がりました。

このころ、クォークが3つずつ結びつき、陽子と中性子が誕生しました。

さらに、宇宙誕生後、3分から15分の間に、陽子と中性子が結びつき、水素やヘリウムなど軽い元素の原子核がつくられました。

このとき、光子がたくさん飛びまわっており、電子も盛んに動きまわっていました。そのため光子は電子にぶつかって散乱し、宇宙はまるで、もやがかかったような状態だったのです。

しかし、宇宙誕生から約40万年後、絶対温度3000Kくらいにまで下がります。

クオークから原子ができるまで

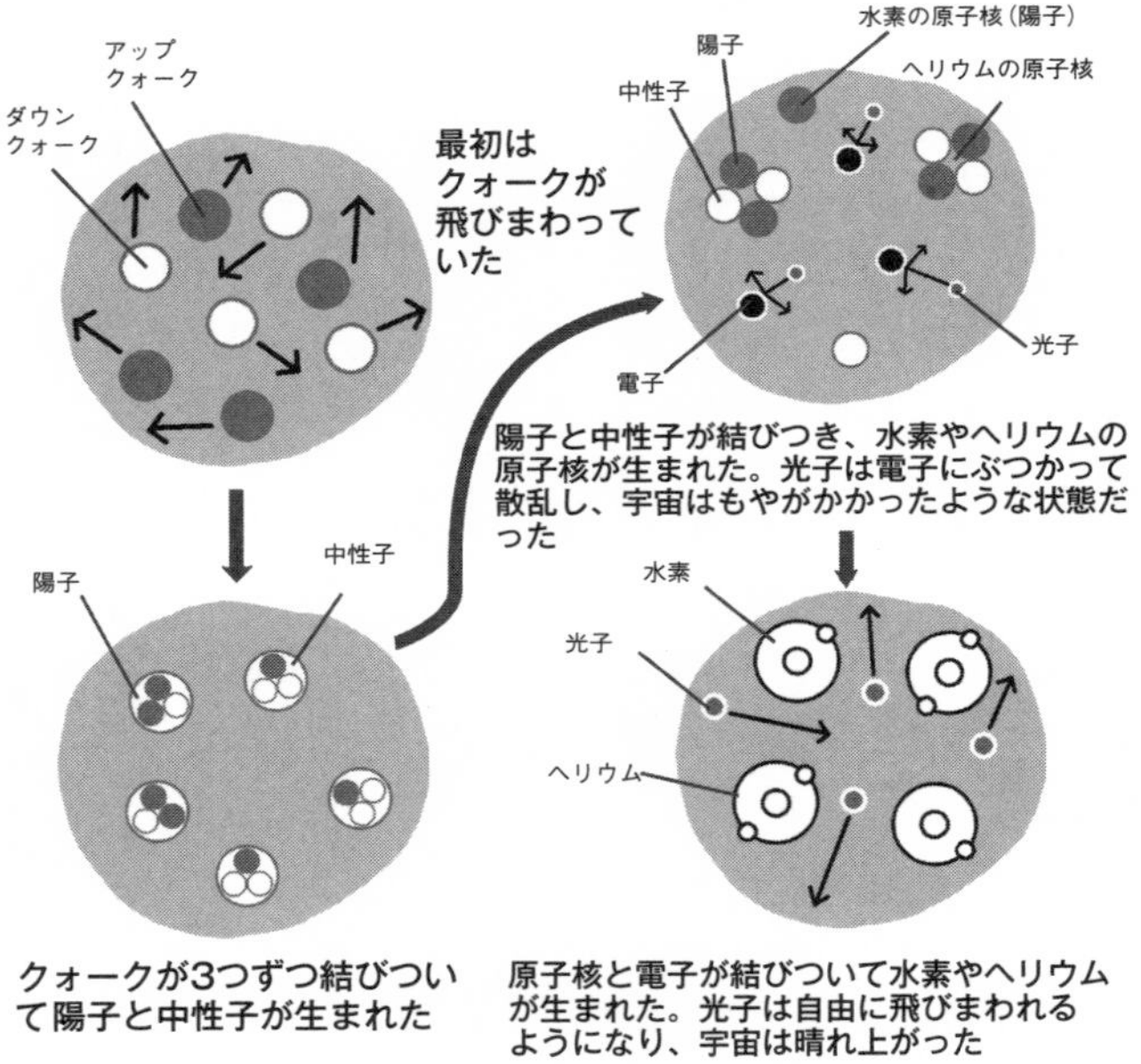
アップ
クォーク
ダウン
クォーク
最初は
クォークが
飛びまわって
いた
陽子
中性子
水素の原子核（陽子）
ヘリウムの原子核
光子
電子
陽子と中性子が結びつき、水素やヘリウムの原子核が生まれた。光子は電子にぶつかって散乱し、宇宙はもやがかかったような状態だった
陽子
中性子
水素
光子
ヘリウム
クォークが3つずつ結びついて陽子と中性子が生まれた
原子核と電子が結びついて水素やヘリウムが生まれた。光子は自由に飛びまわれるようになり、宇宙は晴れ上がった

そして、ようやく、原子核と電子が結びつき、水素、ヘリウムなどの元素が誕生します。

そのため、光子は散乱することがなくなりました。

やっと宇宙が晴れ上がったような状態になったのです。

これを「宇宙の晴れ上がり」と呼んでいます。

原子は、こうして誕生したのです。

物理　水素、ヘリウムだけだった宇宙、どうやって地球ができたのか

宇宙には、最初、水素やヘリウムのような軽い元素しかありませんでした。これがどのようにして星をつくっていったのか、いまの宇宙の通説をざっくりではありますが、紹介します。

宇宙が誕生してから数億年かけて星や銀河がつくられていったのでしょう。

星が誕生する前は、宇宙空間に物質の密度が高いところと低いところができていたと考えられています。密度の高い部分の水素やヘリウムが重力によって集まり、やがて巨大な星になっていったのです。

次に、星の内部では核融合が起こり、水素からヘリウムが生み出されるようになりました。核融合とは、原子核同士が融合して、より質量が大きい原子になることですが、原子核が分裂する核分裂とはちょうど反対です（詳細は149ページ）。

実際、太陽では、内部で水素が核融合を起こし、大きなエネルギーが生み出されているのです。私たちが、地球で太陽光の恩恵を受けているのも、この核融合のおかげです。

大きな星の内部では、ヘリウムが核融合を起こして、より質量の大きい炭素や酸素などが生まれてきます。

そして、ついには鉄のような質量の大きい元素がつくられます。おそらく、星が生み出すのは鉄くらいまでだろうと考えられています。

大きな星は、どんどん膨張していき、最後には大爆発を起こして、自らつくった元素を宇宙空間にばらまきます。

こうしてばらまかれた元素によって、地球や私たちの体が生まれたのです。

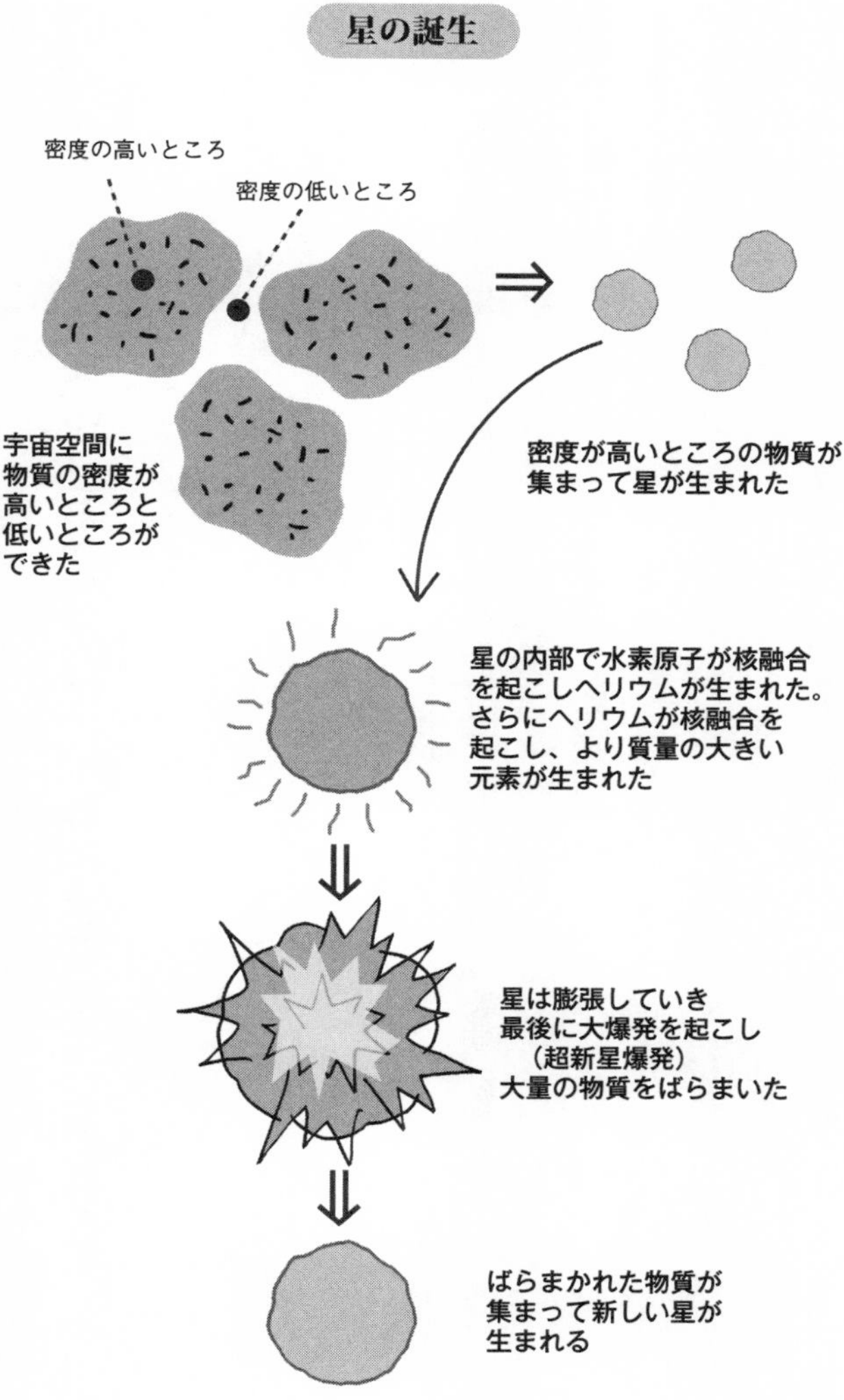
星の誕生
密度の高いところ
密度の低いところ
宇宙空間に物質の密度が高いところと低いところができた
密度が高いところの物質が集まって星が生まれた
星の内部で水素原子が核融合を起こしヘリウムが生まれた。さらにヘリウムが核融合を起こし、より質量の大きい元素が生まれた
星は膨張していき最後に大爆発を起こし（超新星爆発）大量の物質をばらまいた
ばらまかれた物質が集まって新しい星が生まれる

化学 われわれ生命のはるか祖先は、地球のどこで生まれたか

惑星をもつ恒星が次々と発見されています。しかし、いまだ地球以外の生命は見つかりません。そもそも、地球の生命はどのようにして生まれたのでしょうか。

地球に生命が誕生したのは、40億年くらい前のことです。

最初に生命が誕生したのは、海の中だったとも考えられています。海の中で最初はかんたんな分子が生まれ、それがさらに複雑な高分子へと進化していったのでしょう。「アミノ酸」が生み出され、次にアミノ酸が結びついて「タンパク質」がつくられたと考えられます。

また、タンパク質より先に、「DNA」や「RNA」のような「核酸」が生まれたとする説もあります。DNAはタンパク質の設計図のような役割をしています。

どちらが先なのかは諸説ありますが、いずれにしろ、タンパク質とDNAがセットにな

生命の誕生

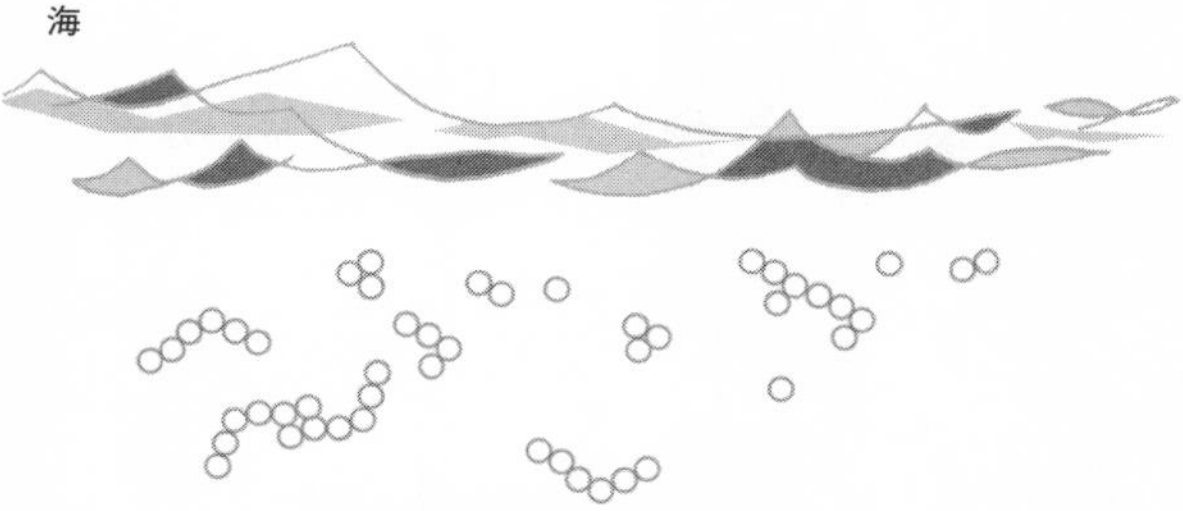

海の中で化学反応が起き
かんたんな分子が生まれ、やがて
アミノ酸、タンパク質、DNA、RNA
などに進化した

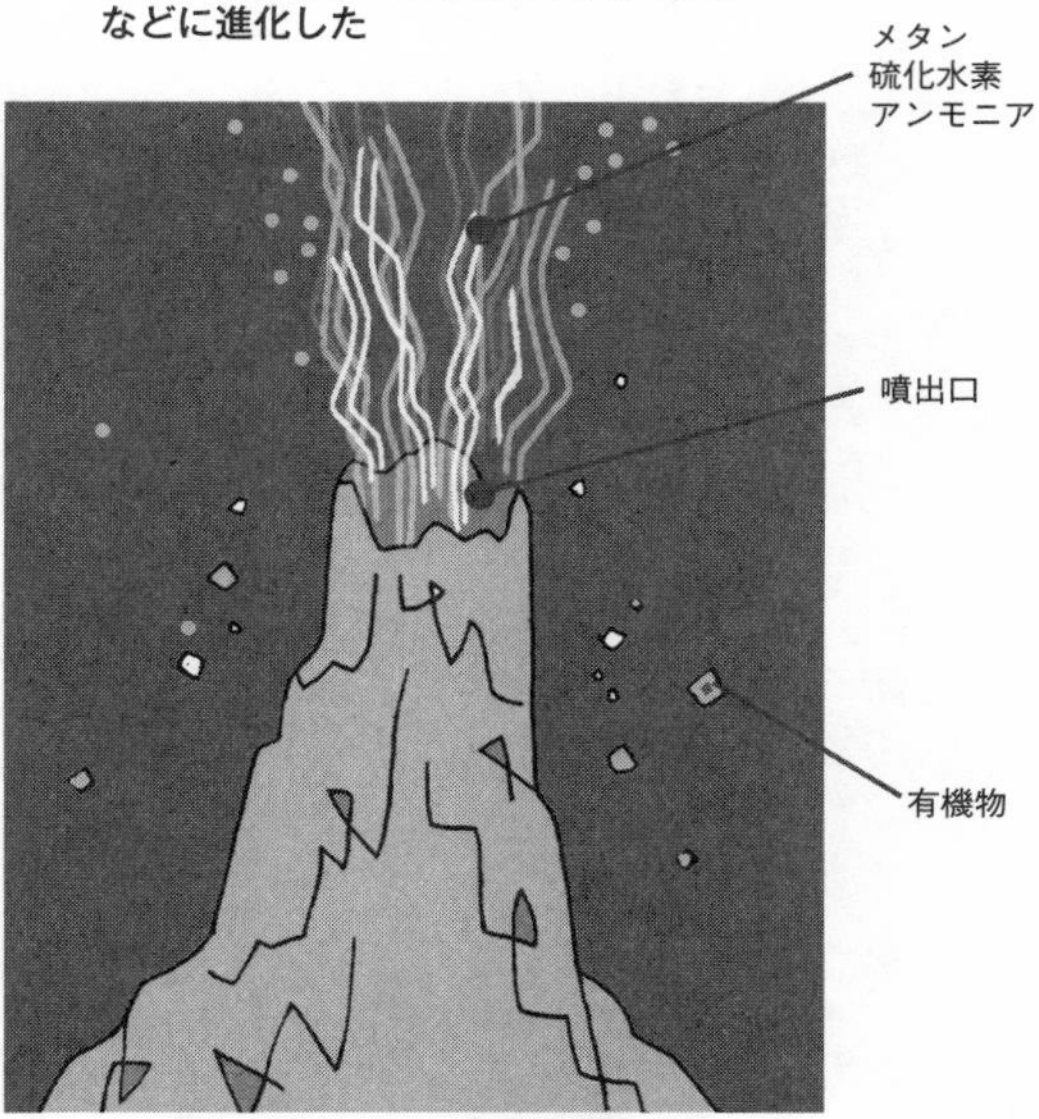

現在では生命のふるさとは
海底の熱水噴出孔だったのでは
ないかと考えられている

って生命が進化したのは間違いないでしょう。

最近の研究では、とくに海底の「熱水噴出孔」の近くで生命が誕生したという説が注目されています。

海底の熱水噴出孔からは、「メタン」「硫化水素」「アンモニア」などのガスが噴き出されています。このような物質は、生物をつくる有機物を生み出す可能性が大きいと考えられます。

また、生物の材料は、宇宙から降ってきたとする説もあります。

2020年にははやぶさ2が帰還しましたが、そこで採集された物質から生命の起源がわかると期待されています。研究は始まったばかり。私たちは科学史の転機にいるのかもしれません。

物理 「宇宙の果て」「宇宙の終わり」……、物理学が出した答えとは？

「宇宙には果てがあるのだろうか、それともないのだろうか」疑問に思ったことはありませんか？　宇宙に果てがあるにしろ、ないにしろ、私たちには容易に理解できない世界です。もし、宇宙に果てがあるのならば、その外側はどうなっているのか、果てがないといわれてもイメージできない、など頭を抱えこんでしまいます。

現在の宇宙論では、どちらだと考えられているでしょうか。

それは、「宇宙には果てがない」、そして「中心もない」ということです。やはり、理解しがたい世界かもしれません。

これがどういうことなのか、よく風船を使って説明されます。たとえば、ここにふくらませた風船があるとします。風船の表面にはたくさんの銀河が描かれています。

風船の表面のどこをたどっても果てがないのにお気づきでしょうか。また、中心もあり

風船を使った概念図

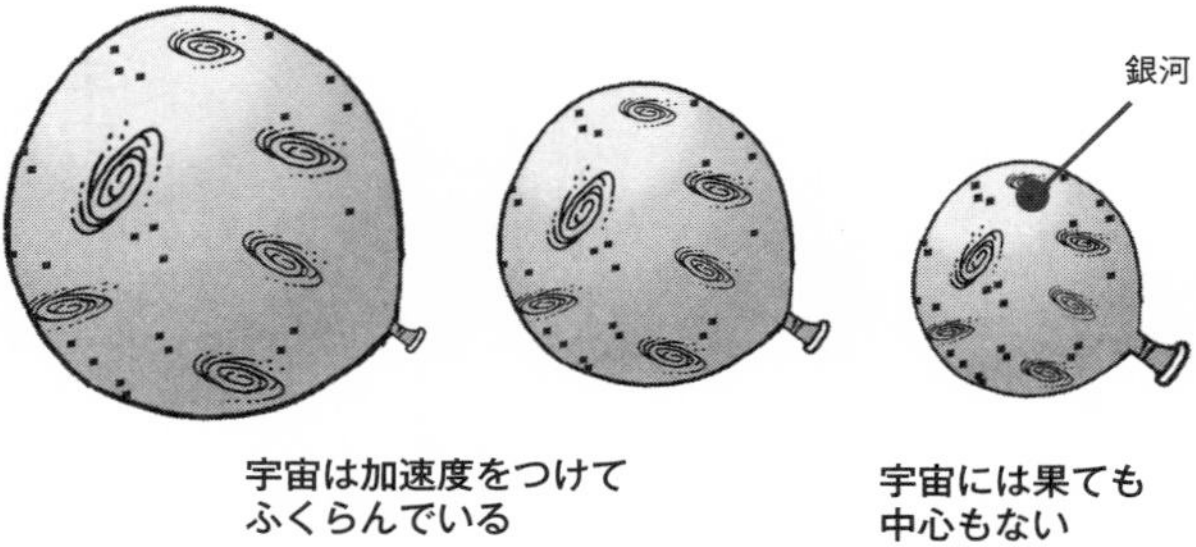
銀河
宇宙は加速度をつけて
ふくらんでいる
宇宙には果ても
中心もない

ません（風船の吹き口はないものとしてください）。

風船の表面は2次元の世界なので、これをそのまま本当の宇宙に当てはめることはできませんが、イメージだけはおわかりいただけるのではないでしょうか。

そして、現在、宇宙はふくらみ続けています。風船にもっと空気を入れると、銀河と銀河は互いに遠ざかっていきます。このように宇宙では、銀河同士は互いに遠ざかりつつあるのです。

これは、「ドップラー効果」によって発見されました。発見したのは、エドウィン・ハッブル。天文観測をしているうちに遠くの銀河が遠ざかっているのがわかったのです。

これから宇宙はどうなるか

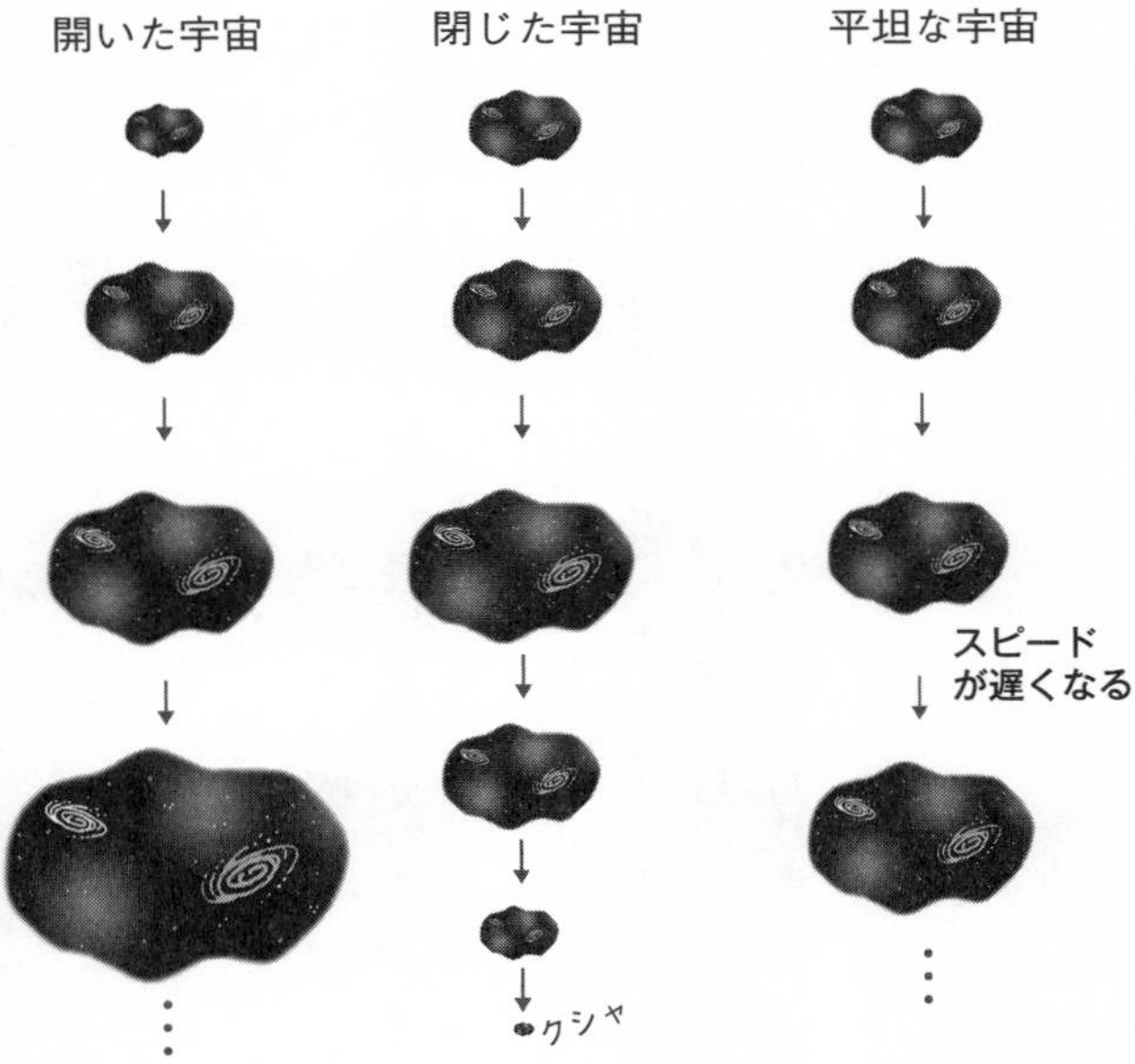
開いた宇宙
閉じた宇宙
平坦な宇宙
スピード
が遅くなる
クシャ

宇宙の96％は謎の物質とエネルギーでできている

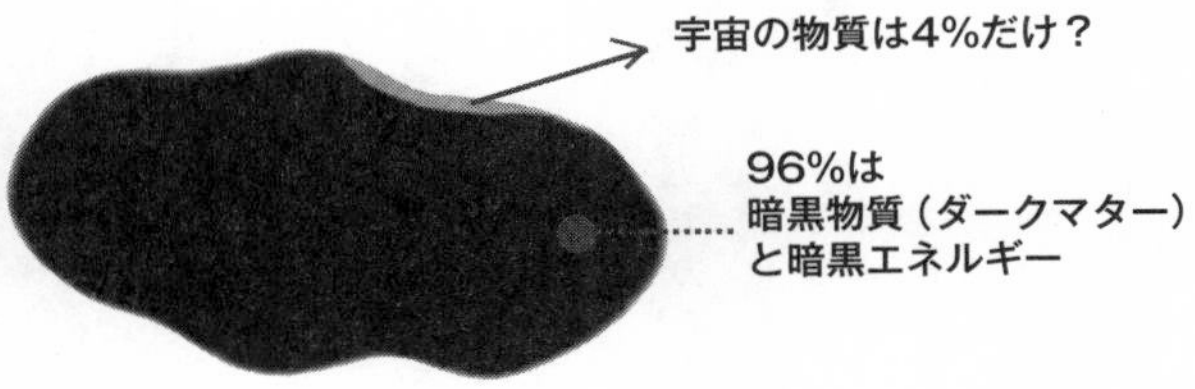
宇宙の物質は4%だけ？
96%は
暗黒物質（ダークマター）
と暗黒エネルギー

これから宇宙がどうなるか、次の3つの説があります。

1つ目は、宇宙はこれからもどんどん大きくなっていくというものです。

2つ目は、宇宙はいつかはふくらむのを止めて、それからどんどん小さくなっていくというもの。最後には「ビッククランチ」を起こして宇宙がつぶれてしまうという予想です。あるいは、つぶれた状態から改めて宇宙は膨張していくという考え方もあります。

3つ目は、このままふくらみ続けるが、そのスピードは次第に遅くなっていく。つまりだらだらとふくらみ続けるというものです。

1つ目から順番に「開いた宇宙」「閉じた宇宙」「平坦な宇宙」と呼ばれています。

これまで、宇宙は平坦な宇宙ではないかといわれていました。しかし、最近わかったところでは、宇宙は、どんどん加速してふくらんでいるというのです。

宇宙にはまだわからないことがたくさんあります。同時に、新発見や新理論にわくわくする可能性に満ちています。

本書は、２０１１年・小社刊『図解　まとめて考えると面白い「物理」と「化学」』を改題、再編集したものです。

カバー・帯・本文イラスト■ツトム・イサジ
デザイン・ＤＴＰ■フジマックオフィス

青春新書
PLAYBOOKS
人生を自由自在に活動《プレイ》する

人生の活動源として

いま要求される新しい気運は、最も現実的な生々しい時代に吐息する大衆の活力と活動源である。

文明はすべてを合理化し、自主的精神はますます衰退に瀕し、自由は奪われようとしている今日、プレイブックスに課せられた役割と必要は広く新鮮な願いとなろう。

いわゆる知識人にもとめる書物は数多く窺うまでもない。

本刊行は、在来の観念類型を打破し、謂わば現代生活の機能に即する潤滑油として、逞しい生命を吹込もうとするものである。

われわれの現状は、埃りと騒音に紛れ、雑踏に苛まれ、あくせく追われる仕事に、日々の不安は健全な精神生活を妨げる圧迫感となり、まさに現実はストレス症状を呈している。

プレイブックスは、それらすべてのうっ積を吹きとばし、自由闊達な活動力を培養し、勇気と自信を生みだす最も楽しいシリーズたらんことを、われわれは鋭意貫かんとするものである。

—創始者のことば—　小澤和一

著者紹介

久我勝利〈くが かつとし〉

1955年神奈川県生まれ。出版社の編集者を経て独立。主に科学系の分野で執筆活動を展開。やさしくサイエンスの面白さを伝えることに定評がある。またテレビの企画・リサーチも手がけている。『絶対、人に話したくなる「時間」の雑学』(PHP研究所)、『死を考える100冊の本』(致知出版社)など、著書多数。

イラスト図解《ずかい》

超《ちょう》ウケる「物理《ぶつり》と化学《かがく》」

青春新書 PLAYBOOKS

2021年9月1日　第1刷

著　者　久《く》我《が》勝《かつ》利《とし》

発行者　小澤源太郎

責任編集　株式会社プライム涌光

電話　編集部　03(3203)2850

発行所　東京都新宿区若松町12番1号 〒162-0056　株式会社青春出版社

電話　営業部　03(3207)1916　振替番号　00190-7-98602

印刷・三松堂　製本・フォーネット社

ISBN978-4-413-21184-0

青春新書 PLAYBOOKS

人生を自由自在に活動する——プレイブックス

緊急対応版「奨学金」上手な借り方 新常識

竹下さくら

知っているかどうかで大きな差がつく。安心して学べる資金づくりの決定版！

P-1180

新宿の逆襲

市川宏雄

〝世界一のターミナル駅〟が大変身。新宿の過去、現在、未来がこの一冊ですべてわかる！

P-1181

「にごり酢」だけの免疫生活

前橋健二

にごりは酢酸菌！「普通の酢」にはない、特有の健康効果とは

P-1182

肩こり・不眠・美顔に効く！1分「耳ストレッチ」

市野さおり

「デスクワーク疲れ」「マスク不調」「顔のむくみ」を速効解決！ツボが集まる「耳」を刺激すれば体も心もラクになる！

P-1183